Sudoku Puzzles Books Easy To Medium Levels

200 Sudoku Puzzles Brain Games For Adults, Senior And Elderly Large Print

Table of contents

Easy   1

Medium   51

Solution   101

9				4		3	6	1
	6	3					4	
			7	6				5
3	2				5			6
		8		2	6	4	3	9
						1		
	1	6	3	7				
		7	5			6	8	3
5	3		6	8			1	

1

6					4			8
		1	6	8	3		9	
	8	9	5					6
		3		5	9	7		
1			8		6	9	3	
	5	2	1		7			
		8	2	6			7	
7	1	6				8		
	3	5		9			6	

2

Solution on page: 102

3

2						9	6	
			2		9		1	4
4							7	5
5			6		1		9	8
9		1		8	2		3	
6			5	9			4	
8				5	4	3	2	
	2		8	1				9
	9					4		7

4

2		6	4	7	8			
1				3		6		
4			1	5			2	7
			6		5	3	4	
	4					5		1
		5	3		4	7		2
	6					2		
5	1				7			6
8					3	1	7	9

Solution on page: 102

5

6	8			5			2	9
	9	7						6
5				9	6	1	3	
				4	1		9	
	6		9	7		2	5	1
	1		2			3		
	5		7				1	
3	2	8		1		6		
9			5			8		

6

	6	4	7	8	3	2		9
2				5	6			
	7					4		
4	8	5	2			3		
	1	2		3			9	8
		6		7	5			
	5			2	8	7		4
3							8	
1						9	2	5

Solution on page: 102

7

6	5		3			9		
		7	4	8		2		
8		4		6	5		3	1
	6			4	8	1	7	2
1		8	9					
	7					3	9	
							5	
5	8	1	7					
7	4			5		8	1	3

8

	4		9	2				3
2			4	6				
		7		3				
		2	5			3	4	
4				8	3	7	6	
6		3						
7	6		2				3	9
3	2		6	7	9	1		
9	1				4	2	7	

Solution on page: 102

9

3			9	6				
	6				8	3		
5	4		1		3	9		
		5		9			4	
		3	8		4			7
	1			2				6
	5			3	9			4
		7	2	8	1		5	9
	8	6	5		7		3	

10

8						4		7
6				1				8
4					5	2	9	6
2		8		5	9		4	1
3			2				5	9
				4	1			
9	3				8	1	2	
		2	1		3	8		
		4	5		6		7	

Solution on page: 102

11

5				7				
4	7				3	5		
2			8	6	5	4	9	
1		3		2	4		7	
	2	6		3		9		4
					7		1	
					2		4	
	4		5		1		3	
3	9		7	4	6			5

12

4						6		5
7	1		4					8
5	2	6			8		1	
2		5	8			1	7	9
9				2		4	3	
6			3	9		8		2
		4		5	9			
8				1	3	9		
			2					1

Solution on page: 102

13

4		7	9				8	2
		5	8					3
	2			6		7		1
2	1	4		8				7
5		6		3	7			
			4	2				
8	4	9		1				
		1		9			3	
3		2		4	5	1	9	

14

3		7				9		6
9		2	7			3	4	5
5		4			3	7	8	
		3		4	6		9	7
		9			2	1	6	
	2				9	8		
2			5	3				
7			9				2	
		6				5		9

Solution on page: 103

15

			6	9	5	2	1	
			2	7				6
		2		1				3
					2	3	8	5
		3	9			6		
8		4		5	6			1
2	9	8		3	4	1		
7		6				8		
3			8		7	5		

16

7				3		8		1
	1	2	4			3		
8	3			2	5			
					3		6	8
6	8		5					
			6		4			5
		9			1	6	4	
	4	8	3	6	2	1	9	7
		3			9	5		2

Solution on page: 103

17

				8		9	4	1
8				7	3		6	
2			5		4		3	7
1			7			6	2	9
			4				5	
		8		2		4		3
4	9		1			2	8	5
		2	8			3		
	8	5	3	9				

18

2			5		7		9	1
							8	7
	9		6		2	5		3
	1	5				3		8
4					1		6	5
7	8		3	2			1	
					4		5	
8	6		2		3			9
5	7		1				3	

Solution on page: 103

19

					3		9		
1	7	3	5			6		
	5		7		8			3
	4				2	5	9	1
5		1	4			7	3	8
7	9			5				
9							4	2
2					3	8		
	3	4	2			1	5	

20

7		8					4	9
2			1			6		5
				2				
	5			4	2	1	3	6
1	4	3			6			2
	2	6	7				9	
3	7					9	6	
	9	2		6			5	7
	8			7	9			

Solution on page: 103

21

						6	9	
	2	9	4		7	8		
	5	6		3		2	1	4
	8						5	
9						4		
				4		3	8	9
		8				5	7	
5		4	3		2		6	
6		2	5	7		9	4	3

22

		9						8
3		8			6			9
6		4		3			1	
4				9	7			
	3	5	8	6	1	4		
		7	3			2	8	
8	6	2			5		7	
		1		2			6	
	5		6		9	1		4

Solution on page: 103

23

	4			3			2	8
	9	2			5	3		1
8	3				1	7		
		7	1					
3	1		9	6				
		4	8		3	1	9	
		5	3		9			6
			6	1	4		3	5
				7		2	1	

24

7	9			8	3	5		6
		5	1		6			
1	3		5	4		2		8
4	1		7		8			
					5		3	
5					2		8	
	5		9			3		
			3				2	5
	6	2	8	5		1	4	

Solution on page: 103

		7	6		9	1	2	3
6	2		5	7	1	8		4
	4						7	
		8		6			4	7
			8	9	3			1
9						3	6	
			7	5	8			2
	5					4		
8				1	4	7		5

25

6	7				5			
	8				7		9	
9		5	4		3	6	2	
	4	8	1	2			3	
	2							5
7	6			3	4	2		8
			6					4
		7		5		8		2
2			7	4			5	9

26

Solution on page: 104

27

	8			9	5		7	3
4	7	5			2			
9		3			8			
		8		5	3			1
		6	4	7			2	8
7				8	6		3	
8			3	2				
	3	4		1	7	8		
	2	1	8	6				

28

8			4					1
	5		3					9
7	2	6		1		5	3	
		5					9	
			7			4	2	5
4	9			6	5	3		8
	8		1	3	4			
9		1			7		8	3
	7						4	2

Solution on page: 104

					5			
	3					2	1	
8	4		9	7		5		3
	9	3		1		8	7	
1			4		9		3	2
	8			5	7		9	1
9	5		6	2			4	
		2	7	4				6
7					1			

29

30

		5					1	7
	9		4			5	6	
	6	2	7		5		4	9
		1	5				3	
3		4		2	9		5	
					8	9		1
			8	5	4	1	9	
		8	9		3		2	
	4		6				8	

Solution on page: 104

31

						2		6
8			6	3	7	4		5
4	5			2	9		3	
		8	9				5	
		3			6	1		8
		1		8			7	4
9				6		5		
6	1	2		7				
3	8			9	1			2

32

	8				4	7	1	2
		7		8			6	
			6		1	5	8	
	4		8		7	3		
	6	9			3			8
	3			2	9			5
							5	6
	1	6		4	5	8		
5		8		3		1	2	

Solution on page: 104

33

						7	1	
		9	4			8		6
				2	8	3		9
	6				2		4	5
2	5		9		3			8
7			6	5	1	2	9	
		6	7	8			3	1
3	9		2					
	7			9		4	8	

34

		4		3	1			
3		8	5	7	9		4	6
	7							
4		6	7		5	1		
		1	2		3	4		7
	2			1				3
9		3		5	2	7	6	
		7			8		2	9
		8				5		

Solution on page: 104

35

		8	2	4	9		3	
7	2				3		4	6
4	3			7	6			
								8
2		6	9		8	1		5
3				1		9	6	
	5		3	6		4	9	
		3			5			2
9	1	4						

36

5		3		6	4			
	1		8	2				
7	6					1		8
6		8	4					
	5		6		8	2		
	2	4		9	3	8		6
	3		2		1		7	5
9					6			2
2				7	9			1

Solution on page: 104

37

3				5	2		9	
8			6		9			
	2			7		3	8	
		7	2			8		9
2	9	3	5	8	1	6		
				6		2		
4				1	5			
	3	9		2	6		5	
		6	7	9			2	

38

4			1	5			6	
			6	9				
			7			4		2
2			7					
	3		4	9	1	7	5	
7	4				6	8	1	
1	7		6			9		
8	5	3			9			6
	6		8		3		7	5

Solution on page: 105

39

2	4		9		6		3	
	3			4		9		6
				3			4	
	2				3		5	9
9	1			5	8	3		4
	5		1			8	6	2
	6				7			8
		3				6		7
7				2	1			3

40

5	4							3
	7			4				6
		8	3		7	5		
	1	2			9		7	5
	3	4	2		5			
7			8					2
	9	1	6	8	3			7
	8				2	1	6	
6	2						3	9

Solution on page: 105

	2		1	4	8		5	
	5						4	
		4					2	1
2	9		4			8	6	3
	3		5			4	7	
			6		2			5
					7	1	9	
	1	3				5		7
	7		8	1	5		3	6

41

42

		7		6			8	3
5		6						
4	9		2	3		6		5
1			4	8	9			6
		4				8		9
	8		5	7				1
						1	9	
					1		7	4
7	4	1		9	8		6	2

Solution on page: 105

43

	6	5	8		7			
3		4		6			5	
8		2	3	5		1	4	6
								3
		3	9	8	1			4
			7			2		9
6	1			9	5	4		
2	3	9					7	
	4				3			1

44

	1	4			3	7		
				1				9
	2	7	5				3	1
		9	3		4	5	2	6
			6			1		
	5			2	8	9	7	3
7		8				3	1	5
		5			1		9	
			8	5		6		

Solution on page: 105

45

8		2	9	7			6	
	7		3			2		4
3	6			4	5		1	
		3			7			
2	5	7	4	9	3		8	
6			5	2		9		
5			6			7		
					9	1		8
7	9						2	

46

	1	5		7	9			3
			4				5	
3	9		1	6		7		
			3	4	6			
2				8	1	4	9	
				9	2	8	3	1
	6			5				
9		8				5		
5	2				7	9	1	8

Solution on page: 105

47

3		6	5			1		
	1		2	6				
			4	1			6	
		9		5		6	2	3
	5	3						8
2	6						1	5
6		7		8	4		5	
8	2		7	9	5	3	4	
						7		9

48

	4		3	9				
	7	3			8		2	
9	8	6		7	2	3	1	
		5	4			2		
	3	7	8					
	9		6			4	3	1
		1		8				3
	6		2	1	4		5	8
			7				9	

Solution on page: 105

		6		2	4			9
4			9		5		2	
	2		3		6	7	4	1
	4	1	6		3		8	2
				4			7	
7				5	9	4		6
8		3		9	1			
1			8					
	9	4	5					8

49

9			4	1			6	5
6	1		7	2	9		4	
			6		5		7	
5		9			1		8	3
			3	5	4	1		
						5		6
		2		8	3	6	5	
						8		
8			5		2		3	9

50

Solution on page: 106

51

9	5			3	4		1	
			2				3	9
					1	2	8	
7						1		5
	4		6		5	8		
	1		3		8		4	2
	9	5	7					
					9	6	5	
	6	7	5		3			8

52

	1		7	6				
		9			8	1	6	2
		8	3	2				
								9
1		3		8	5	6		7
	2	6			7	4		3
	3		8	7		5		6
4	6		2			7		
			1		6			

Solution on page: 106

		7	8				9	
		2		6			4	
	9	3		1	5			
	3		4	2	9		8	
	2		7		6			9
9		8		5	1			
			5	3		2	6	8
		6	1	9				4
							1	3

53

	9		2	3		6		
				9		8	2	1
1		6	5		8	4		
		9			3			
	3			1				9
5	1				4		6	8
7			6	8			1	4
		1			2		8	7
		4			7			

54

Solution on page: 106

55

	3		7	4	9			
	5		8	3			4	9
7		9		6	5			8
				7				1
2	8	7				3		
			3	9		4	2	
5				8	4			2
				1	7	5	8	3
						1		

56

4	1	6		9			7	
	8					9	4	
	9				5	8	2	1
	6			5	8		3	
8	2	4				5		
9			7	4			1	
	3				1			
			5		7	6	9	3
							5	2

Solution on page: 106

57

8	5	2		1	3	4	9	
6				8				
4	7	1		5	2	6		3
1			8		6			
	4			9		7		
	8	7				5		
	2	4	3				7	1
					8			4
		8					2	

58

2	3		6	9	5		7	4
		5	2		7	6		1
					4			2
1								6
	9	4		6	3		2	8
7		3						
			9		1			
	1	9	7				6	
		7		4		2	1	

Solution on page: 106

59

		5		8				
				4			7	9
			9		2	5		
					3		4	
2	7	8	4				6	
9			7	6			5	2
8			1	5			9	
	5		6	3		2		
4	6			2	9	7	1	

60

			5		4			
3		9						1
	7		4	9				6
	9	6		4				
			9	1			2	8
8		7	2				6	4
9			1		3		4	
		3	8		4	2		9
		4	5			3		7

Solution on page: 106

61

9					1	4	6	
				9			1	2
6	4	1	8					
1		3	4		7			
2		6		1	5	7		
						1		
3	7							
4		2	7	8		6		9
8			1	2			4	7

62

		2				1	6	
4		3				8		
1			4	7	5			
				5		4		8
		5	1		4			9
9				2	3	5	1	
8	2	7	3		6	9		
						6	8	
5			8	9				2

Solution on page: 107

63

			9		7	6	3	
		2			1	8		
			3	8			9	
	2						8	9
8		4	7	9				
1	5			3		7		
		1		2			6	
		6	1		3			8
	8	3		6	9	2	1	4

64

4	2			7	5	1		
8			1	6	4	2		7
	5	1	8					4
					3			1
			9		7		6	8
	6				3			
	8							2
		2	5	8	9	7		6
5			4	2			1	

Solution on page: 107

65

	6		5		9	8	7	
				3	8	9		
	9	8	7		2			
	4					2		
	8		6		5	7		
3		2		8				1
	1						8	7
7	2				3	4		
	3	9	1	4		6		

66

				1	3	2		
6		3	9					1
	7							5
					1	7	3	4
4		6		3	9	1	2	
7				2	8		6	9
8	6			7		4		2
	4	5			2			
2	1							3

Solution on page: 107

67

					9			
		1	3		5	7		
5								
7		9		5		6	3	
		5			3	4		
3		8		6			2	9
8	9		5		2	1	4	
	1		8		4	2	7	
2	5		6			8		3

68

1	5				2		6	
6	3	4						
	2			3	6		8	5
	4		2		3			
2				9		7		4
						5	9	2
8					7	2		
	6		9		4	8		1
4				8	1			6

Solution on page: 107

	4		7	2	3	1		9
3	9			5		8	2	
	2	1					6	
		4	1		5	9		
			9	3				
	5			4				6
	7	3	2	8				
9		6					7	3
2			3		9			

69

70

	1				6	8	9	3
		6		1		5	7	
	5		9	4	8		1	6
			5	8		4		
8	4	9			1		3	
		5		7	3			1
			8					9
	2	3						
		8		6		3	5	

Solution on page: 107

71

8			9	2	5			7
			6				2	
		5	8		4	6		9
9							8	
					6	9	7	
	7	3	2		9			6
6					8		5	
3			5			7	6	8
	2	8	1					4

72

1	8		9			7	4	
	3	7			2		6	
	9		3		4		2	
		6	7		9		8	
5		8			3	4		6
9					5		1	
8		3		9				
7		1	6	2				4
								1

Solution on page: 107

73

9	7				1			2
	5			8	2		7	
			6					
3		1			7		5	
			8	3		2	6	
	2		1	5	6		9	7
		5		6	3	9		8
8				1			3	6
				9		4		5

74

7				4		6		5
	6			2			7	1
9	1					4	3	2
		6		7				9
5					3			6
2		7		1				
		2		3				8
1								7
8	7	4	2		5		6	3

Solution on page: 108

75

1								8
								5
2	3	5	7	6	8	9		
8			1					
5		9		8	2		3	
				7		6		
		4	5	1	9	2		
9	5	3	8			1		6
7		2	4	3		8		

76

3		9		6	7			8
7		1	4					
					5	3	2	7
	6			5	4			3
				3			6	4
2			6	7	9		8	
		3					4	
						6		
4	1	5	7		6	8		2

Solution on page: 108

77

		6	1	5				
8	1	3	6			5		
			3	9				2
2					1	9	4	
			4	7	3	6		
5	3	4		6		7	8	1
	9		7		5	2		4
			9			8		
					2	3		

78

1	3			7			2	
4		9	8	3				7
	6		2		9			4
8			7				6	2
7				6				9
	9	2				7	4	
		6		5			9	
		5					3	1
	8	4		2	1			5

Solution on page: 108

79

1	7		8	3	2		5	
	9	3	5					8
	4						1	
9				8		7		
			4		7		3	1
		2						9
	5			4	9	1	2	
3		9	1	2				7
		1			3		9	

80

	6			2				
	3	4		5			7	
2	8	7		3			9	
8		6	9					1
	5		7					
	4		5		3	7		2
	2	5	3				4	7
		3	1		5	8		
7	1					3		

Solution on page: 108

	1	7		5	3			4
6	8	5	2					
	9			7				
9	4				7		6	3
			9		1		4	
7		3			5		8	
1	3						2	
		6	3	9	2			
8		2		1		9	3	

81

82

					4	9		3
		3				1	4	
	4			7	9		6	
3			9	4			5	
6			2	3	7			
8			7	6			2	
5		7	4		1			8
9	3	6	5	2		7		4

Solution on page: 108

83

7		8	3				2	9
1		4	2			3		6
	3	9	7				1	
		5	6	7		8		
3		1	5	9			4	
	2	7						
		3		2			6	
					7			
9					5	2	8	4

84

9				6		2		
8				2	7		5	9
2		3		4	5	8	9	
	9			7				
	7	4	9			1		6
		9	8	1		7		
4				5		9	1	
7		1	3	9				8

Solution on page: 108

85

			7		4	8	1	
		7				5	3	
2	5	1						9
	2		3	4			7	5
7		6		5	1			
5	1		6			2		
4	8				7	3		
		5			3	4	6	
		2	4					

86

		2		8	3	9		
	3			2	4	1	5	
	4		5					3
		6				2		1
3	7	1	8					
	8			1				
7			5	3		1		
	1		4	2		5	3	7
			3	6			9	1

Solution on page: 109

87

1	6			2	4			
	9			3	6		5	4
2				5			1	
				1	3	5	6	
	5			7		4	8	
	1	2	4	8		9		
	8			9	7	6	3	
								9
	3	6						8

88

		5		1	4			9
		4			6			
7	6							
		1	9			6		2
	9	3				4	1	
		6	8		1			5
	8	2	4	9			5	
4		7	1	3			2	
1		9				7	8	

Solution on page: 109

89

			9	8		7		
	9	1						
	7	4	3	6			2	9
				4			3	2
4	6				5			
9				7		4		5
5		9				1	6	
1	3	2		9				
6	8		5			2	9	

90

	9	8						
	1	3	6			9		
5			9	2		1	7	
3			5	6			1	9
								6
	6	7	3	9	1	4		
9								3
6	8					2	9	1
		2	1		9			7

Solution on page: 109

91

8	7		5	6				1
				9	4			
9		4	8			5		2
2		6	7	3	5			
	5		1		8	6		
			2	1		8	4	
	9					2		6
4		2	6	5		3		7

92

1	2	3						
		6	5	2	1			
					4			
		4	8	5	9			
	9	1	3			8		
2		8		6		7		9
				8				7
9	8	7	4		5			6
3	1	2		9	6		8	

Solution on page: 109

		3			6		2	4
				3	4		6	9
	5	4						7
		1	3				9	8
						3		
			2		7			1
8	9			4		7		6
3		6		7				5
	4	5	6	2		9	8	

93

	4	5	6				1	3
			9	7	1		4	8
						2		6
8	2				4			
6				2	5	4		
		4		3	6		2	
	3	8					5	1
	5	7					8	4
				5	8	3		2

94

Solution on page: 109

95

4		9					5	
		7			8	2		4
		3	5	9	4	7		6
	2			5	6	9		
6			9	1		8	2	
	9		8				4	
	7				5	4	3	
1						5	8	
8	3				9			

96

	7	4						6
	5	3	7	6				
	8		9					2
					3	2		
3				2		9		
	4				7		3	
5	6		2	7	8		9	
7	2	9	5	3	4			8
	3	8						5

Solution on page: 109

97

2	9		4					6
		7		5	3		2	
3	8		2	9	1			
7					6	5		9
				7		4	3	1
	1	9					6	
6				2	4		9	5
			5	1			4	
9							7	

98

8		7		5	4			
1				3			5	8
				8	6	7	9	2
		8	6			5	4	
7			8	4		6		
	3		5					9
5						2	8	
4				2		9	6	
	2		4				1	

Solution on page: 110

99

7				4				9
			7		5		4	
	4	2	1		9	3		
			5		7	4	6	
6						9	1	
		3		9		5	2	7
3	6		8	7			9	5
					1	6		
		5				7	3	

100

		6				5		
	2		9	8			4	
	8		6				1	
2	3	9		5				1
			2	6				9
				3			7	5
6					4	1		8
	5	3			6			4
4			5		7	6	9	3

Solution on page: 110

101

6				3		2	5	
3	9	2				8		
2		7			4			
		5			8			
	6	9				7		3
	1	4	6	9	3	5		8
9		6	8				3	
	5				1		9	7

102

		1	5					9
9	5			4		2	3	6
2		3			8			
	1	9	7		6		2	
	2				9			
	8		2				7	5
			3					
		2			5	3	6	
1		6	9	7				8

Solution on page: 110

103

				4			8	
6		3		8			4	2
8						3		
7	3	8		6		9	5	
	2		7	5				
4	5							
	8	7	3			6		
5		2				8	7	
	6	1			8	5		

104

8	9					5	3	
3	2		8		4	1	7	
	4		9		1	2		6
			1	9	5			
	1					6		
	5			6		8		
		4	5				6	
5			7		9		1	
	3	7			8			

Solution on page: 110

6		1	7					8
		2					6	
5					1		2	
7						9		2
	2		1					4
4		6						
	8	9	3	7				
		7	5	1				3
3	4	5	6	9	2		8	1

105

2	8	3		7		5	4	
	4	1	3		5	2		
	5	6						7
								8
8		9		1				
	7			8	3			5
	3				7			4
5	1		6	4			2	
				3		6	5	

106

Solution on page: 110

(107)

			5		6		3	
8	1			7		6	9	2
4	6		9			7		
	7				8			6
				5			7	
	5			3				8
	3	7				2		
6	8	2	3	9				
5					7		6	

(108)

		8	3		7		6	
				6	8	4	2	
			4					
	6	9	2		5	1		
7	8			3		9		5
	1				4			
8			1		9	7	5	
								8
6		1	7		8	4		

Solution on page: 110

					4	5		
	1		3	6			2	9
		5		2			4	8
3	8				6		9	
		4	2			6	8	
6		2	4			1		
		3		9	2	8	6	
								1
			6	5	1	4		

(109)

		1			9	8		
					8			
	8		2	1				6
2			8	3			7	
	9		5	7				1
				2	1	3		8
	3				7		8	9
	5		1	8		2		
6			4	9			3	5

(110)

Solution on page: 111

(111)

3					9	8	4	
8					1		6	2
6	7				2			5
	6	1	2	9	5			4
9							2	
		6	4				5	8
1	3	7						
4		8			6	2	1	

(112)

8								
2	5	9		8				1
1			4		3		2	
	9	1	8		7	2		4
7	4			2			9	6
		2	6		9	7		
	1							2
		6		5			4	
				6	1		7	

Solution on page: 111

	9	1					5	
		2				1		6
3	5				6	2	4	
9			5			6		
			3		9		7	4
				6	1			3
	6			2	7	3		
2					5		6	8
8				1		4		

113

	8	1			3	9		4
		7	2				1	
	6	9						
				4	5	6		2
9		4			2			
5	2					4		
	3			1		8	5	9
6	9	5				1		
	4			3			2	

114

Solution on page: 111

115

	6	9						4
	4		6	5		1		3
	1	3	8					
2		5	3		6	9		1
3	7			9				
			5	4		3		
4		7		6				2
		1		8		7		
	2			3				6

116

7				4	9		3	5
		5		3		2	8	9
	3	6			8	4		
				7			4	
	6		5	2				
2			9		4	5		7
3	2	8	4	1				6
		1			7			

Solution on page: 111

				3				6
		8			6	5	2	
		1		5				9
					2	6	1	
	6		1				9	
	1	3	6	7		2	4	8
	8	6	3			9		4
3		9					7	
2	5						6	

117

118

1				5				
7						5		1
							9	
			8	7		1	5	
		7		9		8	3	
5		8	6				4	7
2	8		7					
	9	1	5				8	
	7	5	4		1	2	6	

Solution on page: 111

(119)

9			2			1	7	
	7	4		6				2
5								3
2			1	5				9
	8				3	4	5	
7				1	2	3		
1		6	9	7		2		
4	5			3	6	9	1	

(120)

					7			1
		9	3	5	4	2		8
						4		5
1			6					2
3				8				
	5		7		1			
9		5	1			8		6
	4	8			9		3	
6			4	7	8	5		

Solution on page: 111

3	2	6			9			
9		4	6				5	
7			4		1		9	2
	5	3	1					6
	9			6	2	3		
1				5		9	4	
	3					8		
				1		5		
				8	3			9

(121)

(122)

2	5				9			3
	3			5			1	9
	7	8				5		6
				7	1	9		
	4	9	2	6		3		8
6				3	4	2		
							8	2
			1					
	6			2	7	1	9	

Solution on page: 112

(123)

9	2			1	8	3	5	
	8	1	6		3			
		4	9	2				
7	1			8				2
8						9	3	
				6		5		
		8	5	3		1		
2		3		9				
				4	2		9	

(124)

	3							5
	7	1	4					
5		6	8		3			
	5		7		1		9	
1					6			
	9	3		8				6
		7	6		9	3	2	
	6	2			7		5	4
	1	5	2					

Solution on page: 112

125

	6		4		9			
		2			3	5		9
3		9			8		6	
4			7					2
					2		8	6
2		8	9	4		1		
						8		1
8		1		9	7		5	
	9	4		1	5			

126

		4	9	8	7	5		
	6		1			4	9	
5		7	4					2
	1		6		9			
	4	8	7	2			1	
6	7							
	8	9			5			
		6			1		4	
7		1	8					

Solution on page: 112

127

2			9	5	3		8	
6			1	2			9	
	5		6					7
3	9		4	6				1
1		2				8		6
		8	3					
	3		2	7		9	1	
8		6		4	9			

128

			6	8				
		4	7			2		
9	6	2				7	8	
		3	6			8		7
2	4					6	3	
6	7	9	1			5		
			3	5		8	6	
		5	7			4	3	
			9	2				

Solution on page: 112

(129)

	7		1	6		9	8	
1		3			7		6	
	9	8	2		3	4		7
3								
					9			1
			5		1		4	
	2		3	4		7		8
7				9				4
		9	7		2		5	

(130)

1	2	8					3	
				4	3	1		2
	7	4					8	
7		3	5	2		6		
2	6	1	9		8			5
	4		1					9
8					5			3
9			6	7		2		

Solution on page: 112

131

8		6			1			
3		5	7		4	8		6
	4		6				1	7
	8					1		9
		7					4	
							3	
			3		8	2		
1	3	8		4	7		6	
7		9		5	6		8	

132

							6	3
9	4				6	8		2
	3							
5	2	4	3		8		1	
	7		4			3	2	
8	1		2		7	9		4
			8					
	8	2						9
				7	4		8	6

Solution on page: 112

	7		5			4	6	
1	5	6	9			3	7	2
4								
			8	5	1			6
		1	2		9	5		7
							9	1
	8	5			7			
				8	2		5	4
2		4						9

133

134

1		4		3				
8	5					7	6	
		7			9			3
				7	5			
			3					
7		1		9	8	4	2	
		6			3			
3			9		4	8	7	
4	2	8		1	7		9	

Solution on page: 113

(135)

		1					5	
			3	2				
		7		6			4	9
			2					5
2	4	3	1	5				
7			8					2
9				3	8			4
3			9		5		8	1
5		4	6		2			7

(136)

			3				7	
	5		4	1	7	9		8
				9	6	4	5	
			9		4			
	3				1		2	5
2		3	1	7	9		8	6
	8	5						9
		6		8	5			3

Solution on page: 113

137

2	4	7	6	9				3
3		9						
6	1	5				7		
4		2	3		7			
				6	1			
		1					2	
			7	1			3	4
1		4		2				7
5	7	3						2

138

3					5	8		
	2	9	3	7				4
	4							
			2					
		2	1	5	9	7		6
	3		7	8	4	2		1
9					3			2
							4	8
8		4	9	1		3		7

Solution on page: 113

139

9	5		3				6	
1	8	2		6				
6				8	9	4		
5	1	3		4		2	9	
								5
	4		7	5	3	1		
	2							9
4	6							
7			1		6		3	

140

				5				
	3		6	9	7	4	8	1
	4		1				7	
3				4		2		
		2						7
		7	9	1				3
	6					9	3	
7		8		3		5		2
9		3		6		7	1	

Solution on page: 113

141

		2						6
		8		5			4	
	9		1				3	
	8		4		6		7	
6	5	9			7			
			9	2				
	3		5	7		2		9
9	2	7	6	4	8	3		1
	1	5						

142

	9		1				2	7
8		7	6		4	3	1	5
		5		7		6		
					8			
	6	4			1	9		8
1	5			6				4
	8			1		4		
	7	1					9	6
		9		5				

Solution on page: 113

143

			5		7			
9		5						
7	8	6		1	9			
			6	5		2		
6			1	9	2		3	
2				7	3		8	
4				6	5	8		
		1	8			6	9	
8		3			1			5

144

		4					1	3
			8	1	7		9	
	9				3			2
		8			4			
1			7	2	9	4	3	
	3		5	8			6	
		7				3	8	9
8	1			7				5
		5					7	

Solution on page: 113

145

			3		9			8
		8						
	7				8			9
8	2	9	5		3		6	
1								
	6		2	9	4	8	1	
7	5	4			6			
3				4			7	5
	8	1				4		6

146

2	1	5				9		4
			2	1			6	
4		7			3	1	2	
6			1				4	
5						7		
1	3							
		6	4	8	7		1	2
	2			6	1			
			3			8	9	6

Solution on page: 114

147

	7		3				8	6
		1						9
6	8		4	7	2			
				1			3	
								8
5	9	7		3	8		2	
1			5	6	7		9	2
					3	8		1
		2	1			7	6	

148

	6				9	5		7
				4	6			9
	5					8		
		1	9		8			
7	3	9				2		8
5				3	7			1
6			7	9				
1						9		5
2		3			5		4	6

Solution on page: 114

149

4			5			1	2	
1								
	2	8		4	1	5	3	6
8				3			9	4
3						2		
	7				8		1	
5					9	8	7	
			6	1	3			2
				5			6	1

150

			6	4	9		3	
3						9		
6			2	7		1	8	
		6			8	4		
	5			9	1		7	8
	1							
		4			2			
8		7	1	5	6			
5					4	2	6	7

Solution on page: 114

151

	5					3		
6	8	2			5			
7				2		4		
		1					7	
		5			7	1	8	9
			9		1	6	2	4
4						8		
5			4		3	9		
	1		8	6				

152

1	7	4				6	3	
	3						8	5
8			4					
	1		8	9		5		7
					7			
	6			5	1			4
6	2			1		9	4	
		1	9		3			
9				6				3

Solution on page: 114

153

	7			6		9	8	1
6	8		7				4	
	9				4			3
7	4						1	5
2		5		4		7		
8	1			9	7			6
			6		8			
	2					8		9
							6	

154

1		3		7	9			
	8						7	6
	9						2	3
		2		9	5			4
		5	7		4			6
				2	3	5	9	
4	2	9		1	7	6		5
				6				
7								

Solution on page: 114

155

				8		1		
	7			4		5	3	8
		8	3	9				
		3		2	6		7	5
5			8					
		1	7				8	6
		4	5	7			6	
2								
				6		8	5	2

156

2						9		
6					5			4
7	4							
				8			4	9
	9	7	3	4			1	
		4		6		2		7
			1					2
1		2	4		8	3		6
	8		6			7		

Solution on page: 114

157

	3		7	2	6	1		
			5	3	4			
								6
	4	3	6				5	
	7		4				2	1
	8	5			7	9	6	
			8				1	
	6			4	9		8	5
	1			7				

158

	3		1					
9			4	3		2	8	7
6	8	7					4	
	6	1	3	7				
5				4			7	
7			6		2			
3	4						2	
2	5		7			6		
			2	9				

Solution on page: 115

159

		8			7	5	9	6
				4				
	5				9			
	7	9	3			2		
				2		3		9
2	1	3	9	6		4		
7					3		8	
	4			5	8		3	
3		6			2			

160

		2		9	7		5	8
	7				6			4
	1	8			5	3		
			7	5	8	9		
1		3						
	8		3					6
8				6		7		
	6	9	2				1	
		1					6	3

Solution on page: 115

161

2			9				4	
	4							3
3		5	4	1	7		9	
				4	9	7		
	9		3		2		8	
8		4				3		
	3			5	8	9		
		6						
			6	9			5	1

162

2		1		8	6	7	4	
6	9	7	1				5	
		4				9		
7					5			
9	1			3	2			
					9	2		
					1		9	
			5	7		4	2	
					4	5	1	

Solution on page: 115

163

		5	3	4	1		7	9
4							2	
		3				8	4	1
1				6		4	5	
			4			7		6
	6	4	1					
8		2	9				3	
		6			8	2		
			5					

164

	9				5			
			7			6		5
	2				8			7
	5					8	7	
4	7					3		
	6	8	1	9	7		2	
6	1		3	2				
5			6					
2		4		5	9			

Solution on page: 115

	4		2		3	7		1
	5		4			9		
6		3					8	
5			9		2	8		
1		4						
		2		3				
4	8			2				
3		1		5				7
7			1				4	8

165

	1	9		6	5	4		8
7				4		1		3
		6	1					
2	7					6	8	9
				2				4
			4			7		5
	8			1		5		
5	6	3						
1		7		8				

166

Solution on page: 115

(167)

		9		7	2	6		
6			4	5			1	7
	2		1			3		
			6		1	9		
	3					8	2	1
				4	3		5	
7	6		9			1		
				1				
	1		7					2

(168)

4	3			9		5	1	
	5					8		
		9	5		1			7
					2	3		9
		8			3			5
	6			4	5			
9		3						
	2	6		3	9			
	4				7	9	2	

Solution on page: 115

169

	8			9				
						7	5	9
	2		3		1			
2		5		7				4
	9		6				7	
4		7		1			3	2
	3	2			8			
			4		7		8	
	7		5			2		6

170

	9	4			8	7		6
		1	9	3				
	5	8		6		9		
9	6				5			
7	4			9			3	
			3		7			
	8						6	5
	3							7
				5	6		4	9

Solution on page: 116

171

3						4	7	6
5	6		9		4			8
				8				2
			7					
				6	9		1	
4	9	7	3		1			
7		3			6		2	1
	5			3	7			
	1		8			3		

172

				7		9		
9		3		4	8	6	1	
		8				7	2	
		9		6				
	8			3	4		5	
2			5	1				9
		1					3	
			1	9			8	
		6	7			5		1

Solution on page: 116

		8			6	7		
7	6							
1					7		5	
	8	2	9		5	4		1
4								9
5	1	9			2		6	
	2					6		
					8		7	5
3	5			6	9		8	

173

7				3	6	1		
	2				5			
	8		1		9		4	6
4				9				2
	9		5	6				
2			4					
		2			4	9	5	7
				7			1	
	7		2	5			8	4

174

Solution on page: 116

175

	8	2			6		7	1
6	7	3			9		2	
					2	6		3
			9		5	7		
4					7		1	
		7	8	6				4
8	3	9	2					
	5					2	9	
							4	

176

				6		2		
			4		7		5	
6	7						3	1
							6	
2			6	5	3	1		8
5		1	2					
4		9		3			1	5
3	8			1	5			
1								9

Solution on page: 116

177

							7	
2	7			6			5	
8	1			5	3			
7	2						3	9
			1		8			
5		4	3			7		
1	6	7		2				
	9				1			7
4		8			7		9	

178

	7							2
			9			7	8	
8					7		5	1
3			7	6				
5				8	2	1		4
		8			1			
	1	6					4	8
		9			3	2		
			4		6		1	9

Solution on page: 116

179

9					4	6		2
5				8		1		3
	6		7					
			2	1	3			
6					7			
1		9		6		4		
	1	6		7	2			8
		8		5				
	5	3	1		8		2	

180

	2	7	3					
1			8	2		6	9	
8		5	7	1				
		8	9				5	6
		4				8		
3				5	8		7	1
						7		9
2	8						4	5
				9		3		

Solution on page: 116

4				1	3		2	
	2				8	4		
5				9			8	
	4					3	7	2
1				3				6
	7	3	2				5	4
					1			
	8	4						3
		6		2	5			8

181

182

	5							
8	4	1			2			6
						8		4
5			1	6				
1								
		7	4		9		8	3
	8					3	7	
	1			4	5	6		
		5		3	6	4	1	8

Solution on page: 117

183

	2					9		
					6			
		6		8		1	5	7
	8					4		6
	4	1					7	9
			4	3			8	
	6	5	9			7	3	
	3	2	6		4			1
						6	2	5

184

			7	8				6
		8	3			4		
6				5	1			
	3			1		4		5
	4			9		2		
7		6	5			9		
			7		9	5		
4	9				1		6	
5	8		2			9		

Solution on page: 117

185

							5	
	3		9	5				
	9	6				3		
			7	8	2		1	
8			3		9			7
		7		6	5			
3	7			2			8	5
2		8				4	7	
		1			8		2	9

186

2			8					
			2		6			8
	4	8	5		7			1
	9				2	3		
		2	6				5	
6	5	3		4	1			
9			4	2		7		
		6						
		2	4				8	9

Solution on page: 117

(187)

3	5					7	8	6
2		6			3	4	5	
							3	
1				8		3		
	2			1				5
6			9				1	
4		2		9				
	3			2	5			8
		1		6				2

(188)

4					7	3	8	2
			5	8	2			
				9				
9	6			2		1	5	8
1	2	5	9			6		
			6		1			
2								5
5		1	4		6			
		3				4	9	

Solution on page: 117

189

4						2		
9		3	1	4			6	7
			5	3		4	1	
	2						8	
1			2	5	3			
6				8	9		4	
			4	9	5			
	7				1			
3	9	4	8					

190

1	2				5			4
					9	3		1
						8	7	5
7	8	9	4					
2	3	4	5		7			
	5							
	9				2	4		7
	7				1			8
8		2		5		9		

Solution on page: 117

(191)

	1		3					
	6	4	2					7
7			5		6			
8						7	5	
	4				5			9
6		7	4		9		1	
	7				2			1
	2		6	1			3	
	3	8		5	4			

(192)

		8		1	7	2	6	
6		2			4	3		
			2	6		7		
	3	9	6	4				
5					3	4	9	6
					1			3
		5		7		6		
				5	6			4
4					8			

Solution on page: 117

193

6	8							
			2		8	9		5
5		9					2	8
		7	3					4
9		8			2			
4						1	7	
		1	6		5		8	
			4	3	7	2		
				9		3	5	

194

5	6				9	4		8
1	8	9					2	
2		4			1		6	3
							5	6
			5			2	7	
				8	4			9
8					2	5		
	1		6					
		2		9				7

Solution on page: 118

(195)

			9					1
3		8	1		2	7		
			8					
		3				1	2	
				6	5			
		5		8	1		6	9
1		7					5	
	9			1			7	2
2	3		5		7	6		

(196)

9		6		3			8	4
	5							
8						5		
			2			5		
	8					2		1
			4		1			
		5	3			4		8
4		8	6	1		3	9	2
2	9			7			1	5

Solution on page: 118

197

4						9		
			8		4	3	7	
	7	9			5	8	2	4
		6		4	7			
						2	6	9
				2			4	
9					8	6		
	2	8					5	1
		5	4	1				

198

				6	3	4		2
					2	6		
	3						7	
3				7				9
	1	7				8		
8		5	3		6	7		4
5		9	2		1		6	
6							4	1
7	2							8

Solution on page: 118

199

		5		6				1
	4	9		2	1	7		
3	1	7	4	8				9
9		8				1		
		1				9		6
5			6			8		
2		4	7				1	
	9		2		3			
					8			

200

	9				6	8	2	4
				9			1	
			1					
			9				3	
	8			7				
4		7	3		1		6	8
					9	2	8	5
5			7					6
		9	2		5	3	4	

Solution on page: 118

SOLUTIONS

Solutions 102

9	7	5	2	4	8	3	6	1
2	6	3	9	5	1	7	4	8
1	8	4	7	6	3	2	9	5
3	2	1	4	9	5	8	7	6
7	5	8	1	2	6	4	3	9
6	4	9	8	3	7	1	5	2
8	1	6	3	7	9	5	2	4
4	9	7	5	1	2	6	8	3
5	3	2	6	8	4	9	1	7

1

6	2	7	9	1	4	3	5	8
5	4	1	6	8	3	2	9	7
3	8	9	5	7	2	1	4	6
8	6	3	4	5	9	7	1	2
1	7	4	8	2	6	9	3	5
9	5	2	1	3	7	6	8	4
4	9	8	2	6	1	5	7	3
7	1	6	3	4	5	8	2	9
2	3	5	7	9	8	4	6	1

2

2	1	8	4	7	5	9	6	3
7	5	3	2	6	9	8	1	4
4	6	9	1	3	8	2	7	5
5	3	2	6	4	1	7	9	8
9	4	1	7	8	2	5	3	6
6	8	7	5	9	3	1	4	2
8	7	6	9	5	4	3	2	1
3	2	4	8	1	7	6	5	9
1	9	5	3	2	6	4	8	7

3

2	5	6	4	7	8	9	1	3
1	7	8	9	3	2	6	5	4
4	3	9	1	5	6	8	2	7
7	9	1	6	2	5	3	4	8
3	4	2	7	8	9	5	6	1
6	8	5	3	1	4	7	9	2
9	6	7	8	4	1	2	3	5
5	1	3	2	9	7	4	8	6
8	2	4	5	6	3	1	7	9

4

6	8	3	1	5	7	4	2	9
1	9	7	3	2	4	5	8	6
5	4	2	8	9	6	1	3	7
2	3	5	6	4	1	7	9	8
8	6	4	9	7	3	2	5	1
7	1	9	2	8	5	3	6	4
4	5	6	7	3	8	9	1	2
3	2	8	4	1	9	6	7	5
9	7	1	5	6	2	8	4	3

5

5	6	4	7	8	3	2	1	9
2	9	1	4	5	6	8	7	3
8	7	3	9	1	2	4	5	6
4	8	5	2	9	1	3	6	7
7	1	2	6	3	4	5	9	8
9	3	6	8	7	5	1	4	2
6	5	9	1	2	8	7	3	4
3	2	7	5	4	9	6	8	1
1	4	8	3	6	7	9	2	5

6

6	5	2	3	1	7	9	8	4
3	1	7	4	8	9	2	6	5
8	9	4	2	6	5	7	3	1
9	6	3	5	4	8	1	7	2
1	2	8	9	7	3	5	4	6
4	7	5	1	2	6	3	9	8
2	3	6	8	9	1	4	5	7
5	8	1	7	3	4	6	2	9
7	4	9	6	5	2	8	1	3

7

8	4	6	9	2	7	5	1	3
2	3	1	4	6	5	8	9	7
5	9	7	8	3	1	6	2	4
1	7	2	5	9	6	3	4	8
4	5	9	1	8	3	7	6	2
6	8	3	7	4	2	9	5	1
7	6	5	2	1	8	4	3	9
3	2	4	6	7	9	1	8	5
9	1	8	3	5	4	2	7	6

8

3	7	8	9	6	2	4	1	5
1	6	9	4	5	8	3	7	2
5	4	2	1	7	3	9	6	8
8	2	5	7	9	6	1	4	3
6	9	3	8	1	4	5	2	7
7	1	4	3	2	5	8	9	6
2	5	1	6	3	9	7	8	4
4	3	7	2	8	1	6	5	9
9	8	6	5	4	7	2	3	1

9

8	5	3	9	6	2	4	1	7
6	2	9	7	1	4	5	3	8
4	1	7	8	3	5	2	9	6
2	6	8	3	5	9	7	4	1
3	4	1	2	8	7	6	5	9
7	9	5	6	4	1	3	8	2
9	3	6	4	7	8	1	2	5
5	7	2	1	9	3	8	6	4
1	8	4	5	2	6	9	7	3

10

5	6	8	4	7	9	3	2	1
4	7	9	2	1	3	5	6	8
2	3	1	8	6	5	4	9	7
1	5	3	9	2	4	8	7	6
7	2	6	1	3	8	9	5	4
9	8	4	6	5	7	2	1	3
6	1	5	3	8	2	7	4	9
8	4	7	5	9	1	6	3	2
3	9	2	7	4	6	1	8	5

11

4	8	3	1	7	2	6	9	5
7	1	9	4	6	5	3	2	8
5	2	6	9	3	8	7	1	4
2	3	5	8	4	6	1	7	9
9	7	8	5	2	1	4	3	6
6	4	1	3	9	7	8	5	2
1	6	4	7	5	9	2	8	3
8	5	2	6	1	3	9	4	7
3	9	7	2	8	4	5	6	1

12

Solutions 103

4	3	7	9	5	1	6	8	2
1	6	5	8	7	2	9	4	3
9	2	8	3	6	4	7	5	1
2	1	4	5	8	9	3	6	7
5	8	6	1	3	7	4	2	9
7	9	3	4	2	6	8	1	5
8	4	9	2	1	3	5	7	6
6	5	1	7	9	8	2	3	4
3	7	2	6	4	5	1	9	8

13

3	8	7	4	2	5	9	1	6
9	6	2	7	1	8	3	4	5
5	1	4	6	9	3	7	8	2
8	5	3	1	4	6	2	9	7
4	7	9	8	5	2	1	6	3
6	2	1	3	7	9	8	5	4
2	9	8	5	3	4	6	7	1
7	3	5	9	6	1	4	2	8
1	4	6	2	8	7	5	3	9

14

4	3	7	6	9	5	2	1	8
1	8	5	2	7	3	4	9	6
9	6	2	4	1	8	7	5	3
6	1	9	7	4	2	3	8	5
5	7	3	9	8	1	6	4	2
8	2	4	3	5	6	9	7	1
2	9	8	5	3	4	1	6	7
7	5	6	1	2	9	8	3	4
3	4	1	8	6	7	5	2	9

15

7	5	4	9	3	6	8	2	1
9	1	2	4	7	8	3	5	6
8	3	6	1	2	5	4	7	9
4	9	5	2	1	3	7	6	8
6	8	1	5	9	7	2	3	4
3	2	7	6	8	4	9	1	5
2	7	9	8	5	1	6	4	3
5	4	8	3	6	2	1	9	7
1	6	3	7	4	9	5	8	2

16

3	5	7	2	8	6	9	4	1
8	4	1	9	7	3	5	6	2
2	6	9	5	1	4	8	3	7
1	3	4	7	5	8	6	2	9
9	2	6	4	3	1	7	5	8
5	7	8	6	2	9	4	1	3
4	9	3	1	6	7	2	8	5
7	1	2	8	4	5	3	9	6
6	8	5	3	9	2	1	7	4

17

2	4	8	5	3	7	6	9	1
6	5	3	4	1	9	2	8	7
1	9	7	6	8	2	5	4	3
9	1	5	7	4	6	3	2	8
4	3	2	8	9	1	7	6	5
7	8	6	3	2	5	9	1	4
3	2	1	9	7	4	8	5	6
8	6	4	2	5	3	1	7	9
5	7	9	1	6	8	4	3	2

18

8	6	2	1	3	4	9	7	5
1	7	3	5	2	9	6	8	4
4	5	9	7	6	8	2	1	3
3	4	6	8	7	2	5	9	1
5	2	1	4	9	6	7	3	8
7	9	8	3	5	1	4	2	6
9	8	7	6	1	5	3	4	2
2	1	5	9	4	3	8	6	7
6	3	4	2	8	7	1	5	9

19

7	1	8	6	3	5	2	4	9
2	3	4	1	9	8	6	7	5
5	6	9	4	2	7	3	1	8
9	5	7	8	4	2	1	3	6
1	4	3	9	5	6	7	8	2
8	2	6	7	1	3	5	9	4
3	7	5	2	8	4	9	6	1
4	9	2	3	6	1	8	5	7
6	8	1	5	7	9	4	2	3

20

8	4	3	2	5	1	6	9	7
1	2	9	4	6	7	8	3	5
7	5	6	8	3	9	2	1	4
4	8	1	9	2	3	7	5	6
9	3	5	7	8	6	4	2	1
2	6	7	1	4	5	3	8	9
3	9	8	6	1	4	5	7	2
5	7	4	3	9	2	1	6	8
6	1	2	5	7	8	9	4	3

21

5	1	9	4	7	2	6	3	8
3	2	8	5	1	6	7	4	9
6	7	4	9	3	8	5	1	2
4	8	6	2	9	7	3	5	1
2	3	5	8	6	1	4	9	7
1	9	7	3	5	4	2	8	6
8	6	2	1	4	5	9	7	3
9	4	1	7	2	3	8	6	5
7	5	3	6	8	9	1	2	4

22

5	4	1	7	3	6	9	2	8
7	9	2	4	8	5	3	6	1
8	3	6	2	9	1	7	5	4
9	5	7	1	4	2	6	8	3
3	1	8	9	6	7	5	4	2
6	2	4	8	5	3	1	9	7
1	8	5	3	2	9	4	7	6
2	7	9	6	1	4	8	3	5
4	6	3	5	7	8	2	1	9

23

7	9	4	2	8	3	5	1	6
2	8	5	1	7	6	4	9	3
1	3	6	5	4	9	2	7	8
4	1	9	7	3	8	6	5	2
6	2	8	4	9	5	7	3	1
5	7	3	6	1	2	9	8	4
8	5	1	9	2	4	3	6	7
9	4	7	3	6	1	8	2	5
3	6	2	8	5	7	1	4	9

24

5	8	7	6	4	9	1	2	3
6	2	3	5	7	1	8	9	4
1	4	9	3	8	2	5	7	6
2	3	8	1	6	5	9	4	7
4	7	6	8	9	3	2	5	1
9	1	5	4	2	7	3	6	8
3	9	4	7	5	8	6	1	2
7	5	1	2	3	6	4	8	9
8	6	2	9	1	4	7	3	5

25

6	7	2	9	1	5	4	8	3
3	8	4	2	6	7	5	9	1
9	1	5	4	8	3	6	2	7
5	4	8	1	2	9	7	3	6
1	2	3	8	7	6	9	4	5
7	6	9	5	3	4	2	1	8
8	5	1	6	9	2	3	7	4
4	9	7	3	5	1	8	6	2
2	3	6	7	4	8	1	5	9

26

1	8	2	6	9	5	4	7	3
4	7	5	1	3	2	6	8	9
9	6	3	7	4	8	2	1	5
2	4	8	9	5	3	7	6	1
3	5	6	4	7	1	9	2	8
7	1	9	2	8	6	5	3	4
8	9	7	3	2	4	1	5	6
6	3	4	5	1	7	8	9	2
5	2	1	8	6	9	3	4	7

27

8	3	9	4	5	6	2	7	1
1	5	4	3	7	2	8	6	9
7	2	6	9	1	8	5	3	4
2	1	5	8	4	3	7	9	6
3	6	8	7	9	1	4	2	5
4	9	7	2	6	5	3	1	8
6	8	2	1	3	4	9	5	7
9	4	1	5	2	7	6	8	3
5	7	3	6	8	9	1	4	2

28

6	2	9	1	3	5	7	8	4
5	3	7	8	6	4	2	1	9
8	4	1	9	7	2	5	6	3
4	9	3	2	1	6	8	7	5
1	7	5	4	8	9	6	3	2
2	8	6	3	5	7	4	9	1
9	5	8	6	2	3	1	4	7
3	1	2	7	4	8	9	5	6
7	6	4	5	9	1	3	2	8

29

4	3	5	2	9	6	8	1	7
8	9	7	4	3	1	5	6	2
1	6	2	7	8	5	3	4	9
9	8	1	5	6	7	2	3	4
3	7	4	1	2	9	6	5	8
2	5	6	3	4	8	9	7	1
7	2	3	8	5	4	1	9	6
6	1	8	9	7	3	4	2	5
5	4	9	6	1	2	7	8	3

30

1	3	7	8	5	4	2	9	6
8	2	9	6	3	7	4	1	5
4	5	6	1	2	9	8	3	7
7	4	8	9	1	2	6	5	3
5	9	3	7	4	6	1	2	8
2	6	1	3	8	5	9	7	4
9	7	4	2	6	3	5	8	1
6	1	2	5	7	8	3	4	9
3	8	5	4	9	1	7	6	2

31

6	8	3	5	9	4	7	1	2
1	5	7	3	8	2	4	6	9
4	9	2	6	7	1	5	8	3
2	4	5	8	6	7	3	9	1
7	6	9	1	5	3	2	4	8
8	3	1	4	2	9	6	7	5
3	2	4	7	1	8	9	5	6
9	1	6	2	4	5	8	3	7
5	7	8	9	3	6	1	2	4

32

8	3	2	5	6	9	7	1	4
5	1	9	4	3	7	8	2	6
6	4	7	1	2	8	3	5	9
9	6	3	8	7	2	1	4	5
2	5	1	9	4	3	6	7	8
7	8	4	6	5	1	2	9	3
4	2	6	7	8	5	9	3	1
3	9	8	2	1	4	5	6	7
1	7	5	3	9	6	4	8	2

33

2	6	4	8	3	1	9	7	5
3	1	8	5	7	9	2	4	6
5	7	9	4	2	6	8	3	1
4	3	6	7	8	5	1	9	2
8	9	1	2	6	3	4	5	7
7	2	5	9	1	4	6	8	3
9	4	3	1	5	2	7	6	8
1	5	7	6	4	8	3	2	9
6	8	2	3	9	7	5	1	4

34

5	6	8	2	4	9	7	3	1
7	2	9	1	8	3	5	4	6
4	3	1	5	7	6	2	8	9
1	9	7	6	5	4	3	2	8
2	4	6	9	3	8	1	7	5
3	8	5	7	1	2	9	6	4
8	5	2	3	6	1	4	9	7
6	7	3	4	9	5	8	1	2
9	1	4	8	2	7	6	5	3

35

5	8	3	1	6	4	7	2	9
4	1	9	8	2	7	5	6	3
7	6	2	9	3	5	1	4	8
6	9	8	4	5	2	3	1	7
3	5	7	6	1	8	2	9	4
1	2	4	7	9	3	8	5	6
8	3	6	2	4	1	9	7	5
9	7	1	5	8	6	4	3	2
2	4	5	3	7	9	6	8	1

36

3	6	4	8	5	2	7	9	1
8	7	1	6	3	9	5	4	2
9	2	5	1	7	4	3	8	6
6	5	7	2	4	3	8	1	9
2	9	3	5	8	1	6	7	4
1	4	8	9	6	7	2	3	5
4	8	2	3	1	5	9	6	7
7	3	9	4	2	6	1	5	8
5	1	6	7	9	8	4	2	3

37

4	8	1	5	3	2	6	9	7
5	2	6	9	8	7	4	3	1
3	9	7	1	6	4	5	2	8
2	1	9	7	5	8	3	6	4
6	3	8	4	9	1	7	5	2
7	4	5	3	2	6	8	1	9
1	7	2	6	4	5	9	8	3
8	5	3	2	7	9	1	4	6
9	6	4	8	1	3	2	7	5

38

2	4	8	9	1	6	7	3	5
5	3	1	7	4	2	9	8	6
6	7	9	8	3	5	2	4	1
8	2	7	4	6	3	1	5	9
9	1	6	2	5	8	3	7	4
3	5	4	1	7	9	8	6	2
4	6	2	3	9	7	5	1	8
1	9	3	5	8	4	6	2	7
7	8	5	6	2	1	4	9	3

39

5	4	9	1	2	6	7	8	3
1	7	3	5	4	8	9	2	6
2	6	8	3	9	7	5	4	1
8	1	2	4	6	9	3	7	5
9	3	4	2	7	5	6	1	8
7	5	6	8	3	1	4	9	2
4	9	1	6	8	3	2	5	7
3	8	7	9	5	2	1	6	4
6	2	5	7	1	4	8	3	9

40

3	2	7	1	4	8	6	5	9
9	5	1	7	2	6	3	4	8
8	6	4	9	5	3	7	2	1
2	9	5	4	7	1	8	6	3
1	3	6	5	8	9	4	7	2
7	4	8	6	3	2	9	1	5
5	8	2	3	6	7	1	9	4
6	1	3	2	9	4	5	8	7
4	7	9	8	1	5	2	3	6

41

2	1	7	9	6	5	4	8	3
5	3	6	8	1	4	9	2	7
4	9	8	2	3	7	6	1	5
1	5	2	4	8	9	7	3	6
6	7	4	1	2	3	8	5	9
9	8	3	5	7	6	2	4	1
3	6	5	7	4	2	1	9	8
8	2	9	6	5	1	3	7	4
7	4	1	3	9	8	5	6	2

42

1	6	5	8	4	7	3	9	2
3	9	4	1	6	2	8	5	7
8	7	2	3	5	9	1	4	6
9	8	6	5	2	4	7	1	3
7	2	3	9	8	1	5	6	4
4	5	1	7	3	6	2	8	9
6	1	7	2	9	5	4	3	8
2	3	9	4	1	8	6	7	5
5	4	8	6	7	3	9	2	1

43

5	1	4	2	9	3	7	6	8
8	6	3	4	1	7	2	5	9
9	2	7	5	8	6	4	3	1
1	8	9	3	7	4	5	2	6
3	7	2	9	6	5	1	8	4
4	5	6	1	2	8	9	7	3
7	9	8	6	4	2	3	1	5
6	4	5	7	3	1	8	9	2
2	3	1	8	5	9	6	4	7

44

8	4	2	9	7	1	3	6	5
1	7	5	3	8	6	2	9	4
3	6	9	2	4	5	8	1	7
9	8	3	1	6	7	4	5	2
2	5	7	4	9	3	6	8	1
6	1	4	5	2	8	9	7	3
5	3	8	6	1	2	7	4	9
4	2	6	7	5	9	1	3	8
7	9	1	8	3	4	5	2	6

45

4	1	5	8	7	9	6	2	3
8	7	6	4	2	3	1	5	9
3	9	2	1	6	5	7	8	4
1	8	9	3	4	6	2	7	5
2	5	3	7	8	1	4	9	6
6	4	7	5	9	2	8	3	1
7	6	1	9	5	8	3	4	2
9	3	8	2	1	4	5	6	7
5	2	4	6	3	7	9	1	8

46

3	4	6	5	7	8	1	9	2
7	1	5	2	6	9	8	3	4
9	8	2	4	1	3	5	6	7
4	7	9	8	5	1	6	2	3
1	5	3	6	4	2	9	7	8
2	6	8	9	3	7	4	1	5
6	9	7	3	8	4	2	5	1
8	2	1	7	9	5	3	4	6
5	3	4	1	2	6	7	8	9

47

1	4	2	3	9	6	8	7	5
5	7	3	1	4	8	9	2	6
9	8	6	5	7	2	3	1	4
6	1	5	4	3	9	2	8	7
4	3	7	8	2	1	5	6	9
2	9	8	6	5	7	4	3	1
7	2	1	9	8	5	6	4	3
3	6	9	2	1	4	7	5	8
8	5	4	7	6	3	1	9	2

48

Solutions 106

3	1	6	7	2	4	8	5	9
4	7	8	9	1	5	6	2	3
9	2	5	3	8	6	7	4	1
5	4	1	6	7	3	9	8	2
6	3	9	2	4	8	1	7	5
7	8	2	1	5	9	4	3	6
8	5	3	4	9	1	2	6	7
1	6	7	8	3	2	5	9	4
2	9	4	5	6	7	3	1	8

49

9	3	7	4	1	8	2	6	5
6	1	5	7	2	9	3	4	8
4	2	8	6	3	5	9	7	1
5	7	9	2	6	1	4	8	3
2	8	6	3	5	4	1	9	7
1	4	3	8	9	7	5	2	6
7	9	2	1	8	3	6	5	4
3	5	4	9	7	6	8	1	2
8	6	1	5	4	2	7	3	9

50

9	5	2	8	3	4	7	1	6
4	8	1	2	6	7	5	3	9
6	7	3	9	5	1	2	8	4
7	3	8	4	9	2	1	6	5
2	4	9	6	1	5	8	7	3
5	1	6	3	7	8	9	4	2
8	9	5	7	4	6	3	2	1
3	2	4	1	8	9	6	5	7
1	6	7	5	2	3	4	9	8

51

5	1	2	7	6	9	3	4	8
3	7	9	5	4	8	1	6	2
6	4	8	3	2	1	9	7	5
7	5	4	6	3	2	8	1	9
1	9	3	4	8	5	6	2	7
8	2	6	9	1	7	4	5	3
2	3	1	8	7	4	5	9	6
4	6	5	2	9	3	7	8	1
9	8	7	1	5	6	2	3	4

52

6	1	7	8	4	3	5	9	2
8	5	2	9	6	7	3	4	1
4	9	3	2	1	5	8	7	6
7	3	1	4	2	9	6	8	5
5	2	4	7	8	6	1	3	9
9	6	8	3	5	1	4	2	7
1	7	9	5	3	4	2	6	8
3	8	6	1	9	2	7	5	4
2	4	5	6	7	8	9	1	3

53

4	9	8	2	3	1	6	7	5
3	7	5	4	9	6	8	2	1
1	2	6	5	7	8	4	9	3
8	4	9	7	6	3	1	5	2
6	3	2	8	1	5	7	4	9
5	1	7	9	2	4	3	6	8
7	5	3	6	8	9	2	1	4
9	6	1	3	4	2	5	8	7
2	8	4	1	5	7	9	3	6

54

8	3	2	7	4	9	6	1	5
6	5	1	8	3	2	7	4	9
7	4	9	1	6	5	2	3	8
3	9	4	2	7	6	8	5	1
2	8	7	4	5	1	3	9	6
1	6	5	3	9	8	4	2	7
5	1	3	6	8	4	9	7	2
4	2	6	9	1	7	5	8	3
9	7	8	5	2	3	1	6	4

55

4	1	6	8	9	2	3	7	5
2	8	5	1	7	3	9	4	6
3	9	7	4	6	5	8	2	1
7	6	1	2	5	8	4	3	9
8	2	4	3	1	9	5	6	7
9	5	3	7	4	6	2	1	8
5	3	9	6	2	1	7	8	4
1	4	2	5	8	7	6	9	3
6	7	8	9	3	4	1	5	2

56

8	5	2	6	1	3	4	9	7
6	9	3	4	8	7	1	5	2
4	7	1	9	5	2	6	8	3
1	3	5	8	7	6	2	4	9
2	4	6	1	9	5	7	3	8
9	8	7	2	3	4	5	1	6
5	2	4	3	6	9	8	7	1
7	1	9	5	2	8	3	6	4
3	6	8	7	4	1	9	2	5

57

2	3	1	6	9	5	8	7	4
9	4	5	2	8	7	6	3	1
6	7	8	3	1	4	9	5	2
1	8	2	5	7	9	3	4	6
5	9	4	1	6	3	7	2	8
7	6	3	4	2	8	1	9	5
4	2	6	9	3	1	5	8	7
8	1	9	7	5	2	4	6	3
3	5	7	8	4	6	2	1	9

58

7	9	5	3	8	6	4	2	1
3	8	2	5	4	1	6	7	9
6	4	1	9	7	2	5	3	8
5	1	6	2	9	3	8	4	7
2	7	8	4	1	5	9	6	3
9	3	4	7	6	8	1	5	2
8	2	7	1	5	4	3	9	6
1	5	9	6	3	7	2	8	4
4	6	3	8	2	9	7	1	5

59

6	8	1	3	5	7	4	9	2
3	4	9	6	8	2	5	7	1
5	7	2	4	9	1	8	3	6
2	9	6	7	4	8	1	5	3
4	3	5	9	1	6	7	2	8
8	1	7	2	3	5	9	6	4
9	2	8	1	7	3	6	4	5
7	5	3	8	6	4	2	1	9
1	6	4	5	2	9	3	8	7

60

Solutions 107

9	2	8	3	7	1	4	6	5
5	3	7	6	9	4	8	1	2
6	4	1	8	5	2	9	7	3
1	9	3	4	6	7	5	2	8
2	8	6	9	1	5	7	3	4
7	5	4	2	3	8	1	9	6
3	7	9	5	4	6	2	8	1
4	1	2	7	8	3	6	5	9
8	6	5	1	2	9	3	4	7

61

7	5	2	9	3	8	1	6	4
4	9	3	2	6	1	8	7	5
1	6	8	4	7	5	2	9	3
2	7	1	6	5	9	4	3	8
6	3	5	1	8	4	7	2	9
9	8	4	7	2	3	5	1	6
8	2	7	3	4	6	9	5	1
3	4	9	5	1	2	6	8	7
5	1	6	8	9	7	3	4	2

62

4	1	8	9	5	7	6	3	2
9	3	2	6	4	1	8	7	5
6	7	5	3	8	2	4	9	1
3	2	7	4	1	6	5	8	9
8	6	4	7	9	5	1	2	3
1	5	9	2	3	8	7	4	6
5	9	1	8	2	4	3	6	7
2	4	6	1	7	3	9	5	8
7	8	3	5	6	9	2	1	4

63

4	2	6	3	7	5	1	8	9
8	9	3	1	6	4	2	5	7
7	5	1	8	9	2	6	3	4
9	4	7	6	5	8	3	2	1
2	3	5	9	1	7	4	6	8
1	6	8	2	4	3	9	7	5
6	8	4	7	3	1	5	9	2
3	1	2	5	8	9	7	4	6
5	7	9	4	2	6	8	1	3

64

2	6	3	5	1	9	8	7	4
1	5	7	4	3	8	9	2	6
4	9	8	7	6	2	1	3	5
6	4	5	3	7	1	2	9	8
9	8	1	6	2	5	7	4	3
3	7	2	9	8	4	5	6	1
5	1	4	2	9	6	3	8	7
7	2	6	8	5	3	4	1	9
8	3	9	1	4	7	6	5	2

65

5	9	4	8	1	3	2	7	6
6	2	3	9	5	7	8	4	1
1	7	8	2	4	6	3	9	5
9	8	2	5	6	1	7	3	4
4	5	6	7	3	9	1	2	8
7	3	1	4	2	8	5	6	9
8	6	9	3	7	5	4	1	2
3	4	5	1	9	2	6	8	7
2	1	7	6	8	4	9	5	3

66

4	7	6	2	1	9	3	5	8
9	8	1	3	4	5	7	6	2
5	3	2	7	8	6	9	1	4
7	2	9	4	5	8	6	3	1
1	6	5	9	2	3	4	8	7
3	4	8	1	6	7	5	2	9
8	9	7	5	3	2	1	4	6
6	1	3	8	9	4	2	7	5
2	5	4	6	7	1	8	9	3

67

1	5	8	7	4	2	9	6	3
6	3	4	8	5	9	1	2	7
9	2	7	1	3	6	4	8	5
5	4	9	2	7	3	6	1	8
2	8	1	6	9	5	7	3	4
3	7	6	4	1	8	5	9	2
8	1	5	3	6	7	2	4	9
7	6	3	9	2	4	8	5	1
4	9	2	5	8	1	3	7	6

68

6	4	8	7	2	3	1	5	9
3	9	7	6	5	1	8	2	4
5	2	1	4	9	8	3	6	7
7	3	4	1	6	5	9	8	2
8	6	2	9	3	7	4	1	5
1	5	9	8	4	2	7	3	6
4	7	3	2	8	6	5	9	1
9	8	6	5	1	4	2	7	3
2	1	5	3	7	9	6	4	8

69

4	1	2	7	5	6	8	9	3
9	8	6	3	1	2	5	7	4
3	5	7	9	4	8	2	1	6
7	3	1	5	8	9	4	6	2
8	4	9	6	2	1	7	3	5
2	6	5	4	7	3	9	8	1
6	7	4	8	3	5	1	2	9
5	2	3	1	9	7	6	4	8
1	9	8	2	6	4	3	5	7

70

8	6	1	9	2	5	4	3	7
7	4	9	6	1	3	8	2	5
2	3	5	8	7	4	6	1	9
9	5	6	7	4	1	2	8	3
4	8	2	3	5	6	9	7	1
1	7	3	2	8	9	5	4	6
6	9	7	4	3	8	1	5	2
3	1	4	5	9	2	7	6	8
5	2	8	1	6	7	3	9	4

71

1	8	2	9	5	6	7	4	3
4	3	7	1	8	2	5	6	9
6	9	5	3	7	4	1	2	8
3	1	6	7	4	9	2	8	5
5	7	8	2	1	3	4	9	6
9	2	4	8	6	5	3	1	7
8	4	3	5	9	1	6	7	2
7	5	1	6	2	8	9	3	4
2	6	9	4	3	7	8	5	1

72

Solutions 108

9	7	3	5	4	1	6	8	2
6	5	4	3	8	2	1	7	9
1	8	2	6	7	9	5	4	3
3	6	1	9	2	7	8	5	4
5	9	7	8	3	4	2	6	1
4	2	8	1	5	6	3	9	7
7	1	5	4	6	3	9	2	8
8	4	9	2	1	5	7	3	6
2	3	6	7	9	8	4	1	5

73

7	2	3	1	4	8	6	9	5
4	6	5	3	2	9	8	7	1
9	1	8	6	5	7	4	3	2
3	8	6	4	7	2	5	1	9
5	4	1	9	8	3	7	2	6
2	9	7	5	1	6	3	8	4
6	5	2	7	3	1	9	4	8
1	3	9	8	6	4	2	5	7
8	7	4	2	9	5	1	6	3

74

1	9	7	2	5	4	3	6	8
4	6	8	3	9	1	7	2	5
2	3	5	7	6	8	9	1	4
8	2	6	1	4	3	5	9	7
5	7	9	6	8	2	4	3	1
3	4	1	9	7	5	6	8	2
6	8	4	5	1	9	2	7	3
9	5	3	8	2	7	1	4	6
7	1	2	4	3	6	8	5	9

75

3	5	9	2	6	7	4	1	8
7	2	1	4	8	3	9	5	6
8	4	6	9	1	5	3	2	7
1	6	7	8	5	4	2	9	3
5	9	8	1	3	2	7	6	4
2	3	4	6	7	9	5	8	1
6	7	3	5	2	8	1	4	9
9	8	2	3	4	1	6	7	5
4	1	5	7	9	6	8	3	2

76

9	2	6	1	5	7	4	3	8
8	1	3	6	2	4	5	7	9
4	7	5	3	9	8	1	6	2
2	6	7	5	8	1	9	4	3
1	8	9	4	7	3	6	2	5
5	3	4	2	6	9	7	8	1
6	9	8	7	3	5	2	1	4
3	4	2	9	1	6	8	5	7
7	5	1	8	4	2	3	9	6

77

1	3	8	5	7	4	9	2	6
4	2	9	8	3	6	1	5	7
5	6	7	2	1	9	3	8	4
8	4	1	7	9	3	5	6	2
7	5	3	4	6	2	8	1	9
6	9	2	1	8	5	7	4	3
2	1	6	3	5	7	4	9	8
9	7	5	6	4	8	2	3	1
3	8	4	9	2	1	6	7	5

78

1	7	6	8	3	2	9	5	4
2	9	3	5	1	4	6	7	8
5	4	8	9	7	6	3	1	2
9	3	4	2	8	1	7	6	5
6	8	5	4	9	7	2	3	1
7	1	2	3	6	5	4	8	9
8	5	7	6	4	9	1	2	3
3	6	9	1	2	8	5	4	7
4	2	1	7	5	3	8	9	6

79

5	6	9	8	2	7	4	1	3
1	3	4	6	5	9	2	7	8
2	8	7	4	3	1	6	9	5
8	7	6	9	4	2	5	3	1
3	5	2	7	1	6	9	8	4
9	4	1	5	8	3	7	6	2
6	2	5	3	9	8	1	4	7
4	9	3	1	7	5	8	2	6
7	1	8	2	6	4	3	5	9

80

2	1	7	6	5	3	8	9	4
6	8	5	2	4	9	3	7	1
3	9	4	1	7	8	6	5	2
9	4	1	8	2	7	5	6	3
5	6	8	9	3	1	2	4	7
7	2	3	4	6	5	1	8	9
1	3	9	7	8	6	4	2	5
4	5	6	3	9	2	7	1	8
8	7	2	5	1	4	9	3	6

81

2	6	8	1	5	4	9	7	3
7	9	3	6	8	2	1	4	5
1	4	5	3	7	9	8	6	2
3	8	1	9	4	6	2	5	7
4	7	2	8	1	5	3	9	6
6	5	9	2	3	7	4	8	1
8	1	4	7	6	3	5	2	9
5	2	7	4	9	1	6	3	8
9	3	6	5	2	8	7	1	4

82

7	6	8	3	1	4	5	2	9
1	5	4	2	8	9	3	7	6
2	3	9	7	5	6	4	1	8
4	9	5	6	7	1	8	3	2
3	8	1	5	9	2	6	4	7
6	2	7	8	4	3	1	9	5
5	4	3	9	2	8	7	6	1
8	1	2	4	6	7	9	5	3
9	7	6	1	3	5	2	8	4

83

9	3	5	4	6	8	2	7	1
8	4	6	1	2	7	3	5	9
1	2	7	5	3	9	6	8	4
2	1	3	6	4	5	8	9	7
6	9	8	2	7	1	4	3	5
5	7	4	9	8	3	1	2	6
3	5	9	8	1	4	7	6	2
4	8	2	7	5	6	9	1	3
7	6	1	3	9	2	5	4	8

84

Solutions 109

6	9	3	7	5	4	8	1	2
8	4	7	1	9	2	5	3	6
2	5	1	8	3	6	7	4	9
9	2	8	3	4	1	6	7	5
7	3	6	2	8	5	1	9	4
5	1	4	6	7	9	2	8	3
4	8	9	5	6	7	3	2	1
1	7	5	9	2	3	4	6	8
3	6	2	4	1	8	9	5	7

85

5	6	2	1	8	3	9	7	4
9	3	8	7	2	4	1	5	6
1	4	7	5	6	9	8	2	3
4	5	6	9	3	2	7	1	8
3	7	1	8	5	6	2	4	9
2	8	9	4	1	7	3	6	5
7	9	5	3	4	1	6	8	2
6	1	4	2	9	8	5	3	7
8	2	3	6	7	5	4	9	1

86

1	6	5	8	2	4	3	9	7
7	9	8	1	3	6	2	5	4
2	4	3	7	5	9	8	1	6
8	7	4	9	1	3	5	6	2
3	5	9	6	7	2	4	8	1
6	1	2	4	8	5	9	7	3
4	8	1	2	9	7	6	3	5
5	2	7	3	6	8	1	4	9
9	3	6	5	4	1	7	2	8

87

3	2	5	7	1	4	8	6	9
9	1	4	5	8	6	2	3	7
7	6	8	3	2	9	5	4	1
8	4	1	9	5	3	6	7	2
5	9	3	6	7	2	4	1	8
2	7	6	8	4	1	3	9	5
6	8	2	4	9	7	1	5	3
4	5	7	1	3	8	9	2	6
1	3	9	2	6	5	7	8	4

88

3	5	6	9	8	2	7	4	1
2	9	1	4	5	7	3	8	6
8	7	4	3	6	1	5	2	9
7	1	5	8	4	9	6	3	2
4	6	3	1	2	5	9	7	8
9	2	8	6	7	3	4	1	5
5	4	9	2	3	8	1	6	7
1	3	2	7	9	6	8	5	4
6	8	7	5	1	4	2	9	3

89

7	9	8	4	1	5	3	6	2
2	1	3	6	7	8	9	5	4
5	4	6	9	2	3	1	7	8
3	2	4	5	6	7	8	1	9
1	5	9	8	4	2	7	3	6
8	6	7	3	9	1	4	2	5
9	7	1	2	8	6	5	4	3
6	8	5	7	3	4	2	9	1
4	3	2	1	5	9	6	8	7

90

8	7	3	5	6	2	4	9	1
5	2	1	3	9	4	7	6	8
9	6	4	8	7	1	5	3	2
3	4	8	9	2	6	1	7	5
2	1	6	7	3	5	9	8	4
7	5	9	1	4	8	6	2	3
6	3	5	2	1	7	8	4	9
1	9	7	4	8	3	2	5	6
4	8	2	6	5	9	3	1	7

91

1	2	3	9	4	7	6	5	8
8	4	6	5	2	1	9	7	3
5	7	9	6	3	8	4	1	2
7	3	4	8	5	9	2	6	1
6	9	1	3	7	2	8	4	5
2	5	8	1	6	4	7	3	9
4	6	5	2	8	3	1	9	7
9	8	7	4	1	5	3	2	6
3	1	2	7	9	6	5	8	4

92

9	8	3	7	5	6	1	2	4
1	2	7	8	3	4	5	6	9
6	5	4	1	9	2	8	3	7
2	7	1	3	6	5	4	9	8
5	6	8	4	1	9	3	7	2
4	3	9	2	8	7	6	5	1
8	9	2	5	4	3	7	1	6
3	1	6	9	7	8	2	4	5
7	4	5	6	2	1	9	8	3

93

9	4	5	6	8	2	7	1	3
3	6	2	9	7	1	5	4	8
7	8	1	5	4	3	2	9	6
8	2	3	7	9	4	1	6	5
6	1	9	8	2	5	4	3	7
5	7	4	1	3	6	8	2	9
4	3	8	2	6	7	9	5	1
2	5	7	3	1	9	6	8	4
1	9	6	4	5	8	3	7	2

94

4	6	9	7	2	1	3	5	8
5	1	7	3	6	8	2	9	4
2	8	3	5	9	4	7	1	6
3	2	8	4	5	6	9	7	1
6	5	4	9	1	7	8	2	3
7	9	1	8	3	2	6	4	5
9	7	6	1	8	5	4	3	2
1	4	2	6	7	3	5	8	9
8	3	5	2	4	9	1	6	7

95

9	7	4	3	8	2	1	5	6
2	5	3	7	6	1	8	4	9
1	8	6	9	4	5	3	7	2
8	9	7	1	5	3	2	6	4
3	1	5	4	2	6	9	8	7
6	4	2	8	9	7	5	3	1
5	6	1	2	7	8	4	9	3
7	2	9	5	3	4	6	1	8
4	3	8	6	1	9	7	2	5

96

Solutions 110

2	9	5	4	8	7	3	1	6
1	4	7	6	5	3	9	2	8
3	8	6	2	9	1	7	5	4
7	2	3	1	4	6	5	8	9
5	6	8	9	7	2	4	3	1
4	1	9	8	3	5	2	6	7
6	3	1	7	2	4	8	9	5
8	7	2	5	1	9	6	4	3
9	5	4	3	6	8	1	7	2

97

8	9	7	2	5	4	1	3	6
1	6	2	7	3	9	4	5	8
3	4	5	1	8	6	7	9	2
2	1	8	6	9	7	5	4	3
7	5	9	8	4	3	6	2	1
6	3	4	5	1	2	8	7	9
5	7	3	9	6	1	2	8	4
4	8	1	3	2	5	9	6	7
9	2	6	4	7	8	3	1	5

98

7	3	1	2	4	6	8	5	9
8	9	6	7	3	5	2	4	1
5	4	2	1	8	9	3	7	6
9	2	8	5	1	7	4	6	3
6	5	7	4	2	3	9	1	8
4	1	3	6	9	8	5	2	7
3	6	4	8	7	2	1	9	5
2	7	9	3	5	1	6	8	4
1	8	5	9	6	4	7	3	2

99

3	9	6	1	4	2	5	8	7
1	2	7	9	8	5	3	4	6
5	8	4	6	7	3	9	1	2
2	3	9	7	5	8	4	6	1
7	4	5	2	6	1	8	3	9
8	6	1	4	3	9	2	7	5
6	7	2	3	9	4	1	5	8
9	5	3	8	1	6	7	2	4
4	1	8	5	2	7	6	9	3

100

5	7	1	2	8	6	3	4	9
6	4	8	7	3	9	2	5	1
3	9	2	1	4	5	8	7	6
2	8	7	3	6	4	9	1	5
1	3	5	9	7	8	4	6	2
4	6	9	5	1	2	7	8	3
7	1	4	6	9	3	5	2	8
9	2	6	8	5	7	1	3	4
8	5	3	4	2	1	6	9	7

101

7	6	1	5	2	3	4	8	9
9	5	8	1	4	7	2	3	6
2	4	3	6	9	8	7	5	1
3	1	9	7	5	6	8	2	4
5	2	7	4	8	9	6	1	3
6	8	4	2	3	1	9	7	5
8	7	5	3	6	4	1	9	2
4	9	2	8	1	5	3	6	7
1	3	6	9	7	2	5	4	8

102

2	1	5	9	4	3	7	8	6
6	9	3	5	8	7	1	4	2
8	7	4	6	1	2	3	9	5
7	3	8	2	6	4	9	5	1
1	2	6	7	5	9	4	3	8
4	5	9	8	3	1	2	6	7
9	8	7	3	2	5	6	1	4
5	4	2	1	9	6	8	7	3
3	6	1	4	7	8	5	2	9

103

8	9	1	2	7	6	5	3	4
3	2	6	8	5	4	1	7	9
7	4	5	9	3	1	2	8	6
6	7	8	1	9	5	4	2	3
4	1	9	3	8	2	6	5	7
2	5	3	4	6	7	8	9	1
9	8	4	5	1	3	7	6	2
5	6	2	7	4	9	3	1	8
1	3	7	6	2	8	9	4	5

104

6	9	1	7	2	3	5	4	8
8	3	2	9	4	5	1	6	7
5	7	4	8	6	1	3	2	9
7	5	3	4	8	6	9	1	2
9	2	8	1	5	7	6	3	4
4	1	6	2	3	9	8	7	5
1	8	9	3	7	4	2	5	6
2	6	7	5	1	8	4	9	3
3	4	5	6	9	2	7	8	1

105

2	8	3	9	7	1	5	4	6
7	4	1	3	6	5	2	8	9
9	5	6	4	2	8	1	3	7
3	2	5	7	9	6	4	1	8
8	6	9	5	1	4	3	7	2
1	7	4	2	8	3	9	6	5
6	3	2	1	5	7	8	9	4
5	1	8	6	4	9	7	2	3
4	9	7	8	3	2	6	5	1

106

7	2	9	5	8	6	1	3	4
8	1	5	4	7	3	6	9	2
4	6	3	9	1	2	7	8	5
3	7	1	2	4	8	9	5	6
2	4	8	6	5	9	3	7	1
9	5	6	7	3	1	4	2	8
1	3	7	8	6	5	2	4	9
6	8	2	3	9	4	5	1	7
5	9	4	1	2	7	8	6	3

107

4	2	8	3	1	7	5	6	9
1	7	3	9	5	6	8	4	2
5	9	6	4	8	2	3	7	1
3	6	9	2	7	5	1	8	4
7	8	4	6	3	1	9	2	5
2	1	5	8	9	4	6	3	7
8	3	2	1	4	9	7	5	6
9	4	7	5	6	3	2	1	8
6	5	1	7	2	8	4	9	3

108

Solutions 111

2	3	7	9	8	4	5	1	6
4	1	8	3	6	5	7	2	9
9	6	5	1	2	7	3	4	8
3	8	1	5	7	6	2	9	4
7	5	4	2	1	9	6	8	3
6	9	2	4	3	8	1	5	7
1	4	3	7	9	2	8	6	5
5	2	6	8	4	3	9	7	1
8	7	9	6	5	1	4	3	2

109

5	2	1	7	6	9	8	4	3
9	6	7	3	4	8	5	1	2
3	8	4	2	1	5	7	9	6
2	1	5	8	3	6	9	7	4
8	9	3	5	7	4	6	2	1
7	4	6	9	2	1	3	5	8
1	3	2	6	5	7	4	8	9
4	5	9	1	8	3	2	6	7
6	7	8	4	9	2	1	3	5

110

3	1	2	6	5	9	8	4	7
8	4	5	7	3	1	9	6	2
6	7	9	8	4	2	1	3	5
7	6	1	2	9	5	3	8	4
5	2	3	1	8	4	6	7	9
9	8	4	3	6	7	5	2	1
2	9	6	4	1	3	7	5	8
1	3	7	5	2	8	4	9	6
4	5	8	9	7	6	2	1	3

111

8	3	4	5	1	2	9	6	7
2	5	9	7	8	6	4	3	1
1	6	7	4	9	3	5	2	8
6	9	1	8	3	7	2	5	4
7	4	3	1	2	5	8	9	6
5	8	2	6	4	9	7	1	3
9	1	5	3	7	4	6	8	2
3	7	6	2	5	8	1	4	9
4	2	8	9	6	1	3	7	5

112

6	9	1	2	3	4	8	5	7
7	4	2	9	5	8	1	3	6
3	5	8	1	7	6	2	4	9
9	3	7	5	4	2	6	8	1
1	2	6	3	8	9	5	7	4
5	8	4	7	6	1	9	2	3
4	6	9	8	2	7	3	1	5
2	1	3	4	9	5	7	6	8
8	7	5	6	1	3	4	9	2

113

2	8	1	7	5	3	9	6	4
4	5	7	2	9	6	3	1	8
3	6	9	4	8	1	2	7	5
8	7	3	1	4	5	6	9	2
9	1	4	3	6	2	5	8	7
5	2	6	9	7	8	4	3	1
7	3	2	6	1	4	8	5	9
6	9	5	8	2	7	1	4	3
1	4	8	5	3	9	7	2	6

114

5	6	9	7	1	3	2	8	4
8	4	2	6	5	9	1	7	3
7	1	3	8	2	4	6	9	5
2	8	5	3	7	6	9	4	1
3	7	4	2	9	1	5	6	8
1	9	6	5	4	8	3	2	7
4	3	7	9	6	5	8	1	2
6	5	1	4	8	2	7	3	9
9	2	8	1	3	7	4	5	6

115

7	8	2	1	4	9	6	3	5
1	4	5	7	3	6	2	8	9
9	3	6	2	5	8	4	7	1
8	5	9	6	7	1	3	4	2
4	6	7	5	2	3	9	1	8
2	1	3	9	8	4	5	6	7
3	2	8	4	1	5	7	9	6
6	7	4	8	9	2	1	5	3
5	9	1	3	6	7	8	2	4

116

7	9	5	2	3	4	1	8	6
4	3	8	9	1	6	5	2	7
6	2	1	7	5	8	4	3	9
5	7	4	8	9	2	6	1	3
8	6	2	1	4	3	7	9	5
9	1	3	6	7	5	2	4	8
1	8	6	3	2	7	9	5	4
3	4	9	5	6	1	8	7	2
2	5	7	4	8	9	3	6	1

117

1	2	4	9	5	6	3	7	8
7	6	9	3	4	8	5	2	1
8	5	3	2	1	7	6	9	4
9	3	2	8	7	4	1	5	6
6	4	7	1	9	5	8	3	2
5	1	8	6	2	3	9	4	7
2	8	6	7	3	9	4	1	5
4	9	1	5	6	2	7	8	3
3	7	5	4	8	1	2	6	9

118

9	6	3	2	8	5	1	7	4
8	7	4	3	6	1	5	9	2
5	2	1	4	9	7	8	6	3
2	4	7	1	5	8	6	3	9
6	8	9	7	2	3	4	5	1
3	1	5	6	4	9	7	2	8
7	9	8	5	1	2	3	4	6
1	3	6	9	7	4	2	8	5
4	5	2	8	3	6	9	1	7

119

5	6	4	8	2	7	3	9	1
7	1	9	3	5	4	2	6	8
8	2	3	9	1	6	4	7	5
1	8	7	6	4	3	9	5	2
3	9	6	2	8	5	7	1	4
4	5	2	7	9	1	6	8	3
9	7	5	1	3	2	8	4	6
2	4	8	5	6	9	1	3	7
6	3	1	4	7	8	5	2	9

120

Solutions 112

3	2	6	5	7	9	1	8	4
9	1	4	6	2	8	7	5	3
7	8	5	4	3	1	6	9	2
8	5	3	1	9	4	2	7	6
4	9	7	8	6	2	3	1	5
1	6	2	3	5	7	9	4	8
6	3	9	7	4	5	8	2	1
2	4	8	9	1	6	5	3	7
5	7	1	2	8	3	4	6	9

121

2	5	1	6	8	9	7	4	3
4	3	6	7	5	2	8	1	9
9	7	8	4	1	3	5	2	6
3	2	5	8	7	1	9	6	4
1	4	9	2	6	5	3	7	8
6	8	7	9	3	4	2	5	1
7	1	3	5	9	6	4	8	2
5	9	2	1	4	8	6	3	7
8	6	4	3	2	7	1	9	5

122

9	2	6	4	1	8	3	5	7
5	8	1	6	7	3	2	4	9
3	7	4	9	2	5	8	1	6
7	1	5	3	8	9	4	6	2
8	6	2	7	5	4	9	3	1
4	3	9	2	6	1	5	7	8
6	9	8	5	3	7	1	2	4
2	4	3	1	9	6	7	8	5
1	5	7	8	4	2	6	9	3

123

8	3	9	1	7	2	6	4	5
2	7	1	4	6	5	9	3	8
5	4	6	8	9	3	1	7	2
6	5	8	7	2	1	4	9	3
1	2	4	9	3	6	5	8	7
7	9	3	5	8	4	2	1	6
4	8	7	6	5	9	3	2	1
9	6	2	3	1	7	8	5	4
3	1	5	2	4	8	7	6	9

124

7	6	5	4	2	9	3	1	8
1	8	2	6	7	3	5	4	9
3	4	9	1	5	8	2	6	7
4	5	6	7	8	1	9	3	2
9	1	7	5	3	2	4	8	6
2	3	8	9	4	6	1	7	5
5	7	3	2	6	4	8	9	1
8	2	1	3	9	7	6	5	4
6	9	4	8	1	5	7	2	3

125

1	2	4	9	8	7	5	6	3
8	6	3	1	5	2	4	9	7
5	9	7	4	3	6	1	8	2
3	1	5	6	4	9	7	2	8
9	4	8	7	2	3	6	1	5
6	7	2	5	1	8	9	3	4
4	8	9	2	6	5	3	7	1
2	5	6	3	7	1	8	4	9
7	3	1	8	9	4	2	5	6

126

2	7	1	9	5	3	6	8	4
6	8	4	1	2	7	5	9	3
9	5	3	6	8	4	1	2	7
3	9	7	4	6	8	2	5	1
1	4	2	7	9	5	8	3	6
5	6	8	3	1	2	7	4	9
4	3	5	2	7	6	9	1	8
7	2	9	8	3	1	4	6	5
8	1	6	5	4	9	3	7	2

127

7	3	1	2	6	8	5	4	9
8	5	4	3	7	9	6	2	1
9	6	2	4	5	1	3	7	8
5	1	3	6	4	2	8	9	7
2	4	8	5	9	7	1	6	3
6	7	9	8	1	3	2	5	4
4	2	7	1	3	5	9	8	6
1	9	5	7	8	6	4	3	2
3	8	6	9	2	4	7	1	5

128

2	7	5	1	6	4	9	8	3
1	4	3	9	8	7	2	6	5
6	9	8	2	5	3	4	1	7
3	1	4	6	2	8	5	7	9
8	5	2	4	7	9	6	3	1
9	6	7	5	3	1	8	4	2
5	2	1	3	4	6	7	9	8
7	3	6	8	9	5	1	2	4
4	8	9	7	1	2	3	5	6

129

1	2	8	6	5	7	9	3	4
6	5	9	8	4	3	1	7	2
3	7	4	2	1	9	5	8	6
7	9	3	5	2	4	6	1	8
4	8	5	3	6	1	2	9	7
2	6	1	9	7	8	3	4	5
5	4	7	1	3	6	8	2	9
8	1	2	4	9	5	7	6	3
9	3	6	7	8	2	4	5	1

130

8	7	6	9	3	1	5	2	4
3	1	5	7	2	4	8	9	6
9	4	2	6	8	5	3	1	7
6	8	3	4	7	2	1	5	9
2	9	7	5	1	3	6	4	8
4	5	1	8	6	9	7	3	2
5	6	4	3	9	8	2	7	1
1	3	8	2	4	7	9	6	5
7	2	9	1	5	6	4	8	3

131

7	5	8	9	4	2	1	6	3
9	4	1	5	3	6	8	7	2
2	3	6	7	8	1	4	9	5
5	2	4	3	9	8	6	1	7
6	7	9	4	1	5	3	2	8
8	1	3	2	6	7	9	5	4
4	6	7	8	2	9	5	3	1
1	8	2	6	5	3	7	4	9
3	9	5	1	7	4	2	8	6

132

Solutions 113

9	7	2	5	1	3	4	6	8
1	5	6	9	4	8	3	7	2
4	3	8	7	2	6	9	1	5
7	4	9	8	5	1	2	3	6
8	6	1	2	3	9	5	4	7
5	2	3	6	7	4	8	9	1
6	8	5	4	9	7	1	2	3
3	9	7	1	8	2	6	5	4
2	1	4	3	6	5	7	8	9

133

1	9	4	7	3	6	2	5	8
8	5	3	1	4	2	7	6	9
2	6	7	8	5	9	1	4	3
6	8	2	4	7	5	9	3	1
5	4	9	3	2	1	6	8	7
7	3	1	6	9	8	4	2	5
9	7	6	2	8	3	5	1	4
3	1	5	9	6	4	8	7	2
4	2	8	5	1	7	3	9	6

134

6	2	1	4	8	9	7	5	3
4	5	9	3	2	7	8	1	6
8	3	7	5	6	1	2	4	9
1	9	8	2	7	3	4	6	5
2	4	3	1	5	6	9	7	8
7	6	5	8	9	4	1	3	2
9	1	6	7	3	8	5	2	4
3	7	2	9	4	5	6	8	1
5	8	4	6	1	2	3	9	7

135

8	9	4	3	5	2	6	7	1
6	5	2	4	1	7	9	3	8
3	7	1	8	9	6	4	5	2
5	2	8	9	3	4	1	6	7
1	6	7	5	2	8	3	9	4
4	3	9	7	6	1	8	2	5
2	4	3	1	7	9	5	8	6
7	8	5	6	4	3	2	1	9
9	1	6	2	8	5	7	4	3

136

2	4	7	6	9	8	1	5	3
3	8	9	1	7	5	2	4	6
6	1	5	4	3	2	7	8	9
4	5	2	3	8	7	6	9	1
9	3	8	2	6	1	4	7	5
7	6	1	9	5	4	3	2	8
8	2	6	7	1	9	5	3	4
1	9	4	5	2	3	8	6	7
5	7	3	8	4	6	9	1	2

137

3	6	1	4	2	5	8	7	9
5	2	9	3	7	8	6	1	4
7	4	8	6	9	1	5	2	3
1	9	7	2	3	6	4	8	5
4	8	2	1	5	9	7	3	6
6	3	5	7	8	4	2	9	1
9	7	6	8	4	3	1	5	2
2	1	3	5	6	7	9	4	8
8	5	4	9	1	2	3	6	7

138

9	5	4	3	1	2	7	6	8
1	8	2	4	6	7	9	5	3
6	3	7	5	8	9	4	2	1
5	1	3	6	4	8	2	9	7
8	7	6	2	9	1	3	4	5
2	4	9	7	5	3	1	8	6
3	2	5	8	7	4	6	1	9
4	6	1	9	3	5	8	7	2
7	9	8	1	2	6	5	3	4

139

1	7	6	8	5	4	3	2	9
2	3	5	6	9	7	4	8	1
8	4	9	1	2	3	6	7	5
3	8	1	7	4	5	2	9	6
4	9	2	3	8	6	1	5	7
6	5	7	9	1	2	8	4	3
5	6	4	2	7	1	9	3	8
7	1	8	4	3	9	5	6	2
9	2	3	5	6	8	7	1	4

140

1	7	2	3	8	4	5	9	6
3	6	8	7	5	9	1	4	2
5	9	4	1	6	2	8	3	7
2	8	1	4	3	6	9	7	5
6	5	9	8	1	7	4	2	3
7	4	3	9	2	5	6	1	8
4	3	6	5	7	1	2	8	9
9	2	7	6	4	8	3	5	1
8	1	5	2	9	3	7	6	4

141

4	9	6	1	3	5	8	2	7
8	2	7	6	9	4	3	1	5
3	1	5	8	7	2	6	4	9
9	3	2	5	4	8	7	6	1
7	6	4	3	2	1	9	5	8
1	5	8	7	6	9	2	3	4
5	8	3	9	1	6	4	7	2
2	7	1	4	8	3	5	9	6
6	4	9	2	5	7	1	8	3

142

3	2	4	5	8	7	9	6	1
9	1	5	3	4	6	7	2	8
7	8	6	2	1	9	3	5	4
1	3	7	6	5	8	2	4	9
6	4	8	1	9	2	5	3	7
2	5	9	4	7	3	1	8	6
4	9	2	7	6	5	8	1	3
5	7	1	8	3	4	6	9	2
8	6	3	9	2	1	4	7	5

143

6	8	4	9	5	2	7	1	3
5	2	3	8	1	7	6	9	4
7	9	1	4	6	3	8	5	2
9	7	8	6	3	4	5	2	1
1	5	6	7	2	9	4	3	8
4	3	2	5	8	1	9	6	7
2	6	7	1	4	5	3	8	9
8	1	9	3	7	6	2	4	5
3	4	5	2	9	8	1	7	6

144

Solutions 114

4	1	5	3	7	9	6	2	8
9	3	8	1	6	2	5	4	7
6	7	2	4	5	8	1	3	9
8	2	9	5	1	3	7	6	4
1	4	3	6	8	7	9	5	2
5	6	7	2	9	4	8	1	3
7	5	4	9	2	6	3	8	1
3	9	6	8	4	1	2	7	5
2	8	1	7	3	5	4	9	6

145

2	1	5	8	7	6	9	3	4
3	8	9	2	1	4	5	6	7
4	6	7	5	9	3	1	2	8
6	7	8	1	5	9	2	4	3
5	9	4	6	3	2	7	8	1
1	3	2	7	4	8	6	5	9
9	5	6	4	8	7	3	1	2
8	2	3	9	6	1	4	7	5
7	4	1	3	2	5	8	9	6

146

4	7	5	3	9	1	2	8	6
3	2	1	8	5	6	4	7	9
6	8	9	4	7	2	5	1	3
8	6	4	2	1	5	9	3	7
2	1	3	7	4	9	6	5	8
5	9	7	6	3	8	1	2	4
1	4	8	5	6	7	3	9	2
7	5	6	9	2	3	8	4	1
9	3	2	1	8	4	7	6	5

147

3	6	4	8	2	9	5	1	7
8	1	7	5	4	6	3	2	9
9	5	2	3	7	1	8	6	4
4	2	1	9	5	8	6	7	3
7	3	9	6	1	4	2	5	8
5	8	6	2	3	7	4	9	1
6	4	5	7	9	3	1	8	2
1	7	8	4	6	2	9	3	5
2	9	3	1	8	5	7	4	6

148

4	3	9	5	7	6	1	2	8
1	5	6	3	8	2	7	4	9
7	2	8	9	4	1	5	3	6
8	1	2	7	3	5	6	9	4
3	9	5	1	6	4	2	8	7
6	7	4	2	9	8	3	1	5
5	6	1	4	2	9	8	7	3
9	8	7	6	1	3	4	5	2
2	4	3	8	5	7	9	6	1

149

1	8	5	6	4	9	7	3	2
3	7	2	8	1	5	9	4	6
6	4	9	2	7	3	1	8	5
7	9	6	5	2	8	4	1	3
2	5	3	4	9	1	6	7	8
4	1	8	3	6	7	5	2	9
9	6	4	7	3	2	8	5	1
8	2	7	1	5	6	3	9	4
5	3	1	9	8	4	2	6	7

150

1	5	4	7	9	8	3	6	2
6	8	2	3	4	5	7	9	1
7	3	9	1	2	6	4	5	8
9	6	1	2	8	4	5	7	3
2	4	5	6	3	7	1	8	9
8	7	3	9	5	1	6	2	4
4	9	6	5	1	2	8	3	7
5	2	8	4	7	3	9	1	6
3	1	7	8	6	9	2	4	5

151

1	7	4	5	8	2	6	3	9
2	3	6	1	7	9	4	8	5
8	9	5	4	3	6	7	1	2
3	1	2	8	9	4	5	6	7
4	5	8	6	2	7	3	9	1
7	6	9	3	5	1	8	2	4
6	2	3	7	1	5	9	4	8
5	8	1	9	4	3	2	7	6
9	4	7	2	6	8	1	5	3

152

3	7	4	2	6	5	9	8	1
6	8	1	7	3	9	5	4	2
5	9	2	1	8	4	6	7	3
7	4	9	8	2	6	3	1	5
2	6	5	3	4	1	7	9	8
8	1	3	5	9	7	4	2	6
9	5	7	6	1	8	2	3	4
1	2	6	4	7	3	8	5	9
4	3	8	9	5	2	1	6	7

153

1	6	3	2	7	9	4	5	8
2	8	4	5	3	1	7	6	9
5	9	7	8	4	6	1	2	3
6	7	2	1	9	5	8	3	4
9	3	5	7	8	4	2	1	6
8	4	1	6	2	3	5	9	7
4	2	9	3	1	7	6	8	5
3	5	8	4	6	2	9	7	1
7	1	6	9	5	8	3	4	2

154

6	3	5	2	8	7	1	9	4
9	7	2	6	4	1	5	3	8
1	4	8	3	9	5	6	2	7
8	9	3	1	2	6	4	7	5
5	6	7	8	3	4	2	1	9
4	2	1	7	5	9	3	8	6
3	8	4	5	7	2	9	6	1
2	5	6	9	1	8	7	4	3
7	1	9	4	6	3	8	5	2

155

2	5	1	8	7	4	9	6	3
6	3	9	2	1	5	8	7	4
7	4	8	9	3	6	1	2	5
3	2	6	7	8	1	5	4	9
5	9	7	3	4	2	6	1	8
8	1	4	5	6	9	2	3	7
9	6	3	1	5	7	4	8	2
1	7	2	4	9	8	3	5	6
4	8	5	6	2	3	7	9	1

156

Solutions 115

5	3	8	7	2	6	1	4	9
6	9	1	5	3	4	2	7	8
4	2	7	9	8	1	5	3	6
1	4	3	6	9	2	8	5	7
9	7	6	4	5	8	3	2	1
2	8	5	3	1	7	9	6	4
7	5	9	8	6	3	4	1	2
3	6	2	1	4	9	7	8	5
8	1	4	2	7	5	6	9	3

157

4	3	2	1	8	7	5	6	9
9	1	5	4	3	6	2	8	7
6	8	7	9	2	5	1	4	3
8	6	1	3	7	9	4	5	2
5	2	3	8	4	1	9	7	6
7	9	4	6	5	2	3	1	8
3	4	9	5	6	8	7	2	1
2	5	8	7	1	3	6	9	4
1	7	6	2	9	4	8	3	5

158

4	3	8	2	1	7	5	9	6
1	9	7	5	4	6	8	2	3
6	5	2	8	3	9	1	4	7
5	7	9	3	8	4	2	6	1
8	6	4	7	2	1	3	5	9
2	1	3	9	6	5	4	7	8
7	2	5	1	9	3	6	8	4
9	4	1	6	5	8	7	3	2
3	8	6	4	7	2	9	1	5

159

3	4	2	1	9	7	6	5	8
9	7	5	8	3	6	1	2	4
6	1	8	4	2	5	3	7	9
4	2	6	7	5	8	9	3	1
1	9	3	6	4	2	5	8	7
5	8	7	3	1	9	2	4	6
8	3	4	5	6	1	7	9	2
7	6	9	2	8	3	4	1	5
2	5	1	9	7	4	8	6	3

160

2	1	7	9	3	6	5	4	8
6	4	9	2	8	5	1	7	3
3	8	5	4	1	7	6	9	2
5	2	3	8	4	9	7	1	6
7	9	1	3	6	2	4	8	5
8	6	4	5	7	1	3	2	9
1	3	2	7	5	8	9	6	4
9	5	6	1	2	4	8	3	7
4	7	8	6	9	3	2	5	1

161

2	5	1	9	8	6	7	4	3
6	9	7	1	4	3	8	5	2
3	8	4	2	5	7	9	6	1
7	4	2	8	6	5	1	3	9
9	1	8	4	3	2	6	7	5
5	6	3	7	1	9	2	8	4
4	7	5	6	2	1	3	9	8
1	3	9	5	7	8	4	2	6
8	2	6	3	9	4	5	1	7

162

2	8	5	3	4	1	6	7	9
4	7	1	6	8	9	3	2	5
6	9	3	2	7	5	8	4	1
1	2	9	8	6	7	4	5	3
3	5	8	4	9	2	7	1	6
7	6	4	1	5	3	9	8	2
8	4	2	9	1	6	5	3	7
5	1	6	7	3	8	2	9	4
9	3	7	5	2	4	1	6	8

163

7	9	6	4	3	5	1	8	2
8	4	3	7	1	2	6	9	5
1	2	5	9	6	8	4	3	7
9	5	1	2	4	3	8	7	6
4	7	2	5	8	6	3	1	9
3	6	8	1	9	7	5	2	4
6	1	7	3	2	4	9	5	8
5	8	9	6	7	1	2	4	3
2	3	4	8	5	9	7	6	1

164

9	4	8	2	6	3	7	5	1
2	5	7	4	1	8	9	3	6
6	1	3	5	7	9	4	8	2
5	7	6	9	4	2	8	1	3
1	3	4	7	8	5	6	2	9
8	9	2	6	3	1	5	7	4
4	8	9	3	2	7	1	6	5
3	6	1	8	5	4	2	9	7
7	2	5	1	9	6	3	4	8

165

3	1	9	2	6	5	4	7	8
7	2	5	8	4	9	1	6	3
8	4	6	1	3	7	9	5	2
2	7	4	3	5	1	6	8	9
9	5	8	7	2	6	3	1	4
6	3	1	4	9	8	7	2	5
4	8	2	6	1	3	5	9	7
5	6	3	9	7	2	8	4	1
1	9	7	5	8	4	2	3	6

166

1	4	9	3	7	2	6	8	5
6	8	3	4	5	9	2	1	7
5	2	7	1	6	8	3	9	4
2	7	5	6	8	1	9	4	3
4	3	6	5	9	7	8	2	1
8	9	1	2	4	3	7	5	6
7	6	4	9	2	5	1	3	8
3	5	2	8	1	6	4	7	9
9	1	8	7	3	4	5	6	2

167

4	3	7	8	9	6	5	1	2
2	5	1	3	7	4	8	9	6
6	8	9	5	2	1	4	3	7
5	7	4	1	8	2	3	6	9
1	9	8	7	6	3	2	4	5
3	6	2	9	4	5	7	8	1
9	1	3	2	5	8	6	7	4
7	2	6	4	3	9	1	5	8
8	4	5	6	1	7	9	2	3

168

Solutions 116

5	8	6	7	9	4	3	2	1
1	4	3	2	8	6	7	5	9
7	2	9	3	5	1	4	6	8
2	1	5	8	7	3	6	9	4
3	9	8	6	4	2	1	7	5
4	6	7	9	1	5	8	3	2
9	3	2	1	6	8	5	4	7
6	5	1	4	2	7	9	8	3
8	7	4	5	3	9	2	1	6

169

3	9	4	5	1	8	7	2	6
6	7	1	9	3	2	8	5	4
2	5	8	7	6	4	9	1	3
9	6	3	2	8	5	4	7	1
7	4	2	6	9	1	5	3	8
8	1	5	3	4	7	6	9	2
4	8	9	1	7	3	2	6	5
5	3	6	4	2	9	1	8	7
1	2	7	8	5	6	3	4	9

170

3	8	9	2	1	5	4	7	6
5	6	2	9	7	4	1	3	8
1	7	4	6	8	3	5	9	2
6	3	1	7	5	8	2	4	9
8	2	5	4	6	9	7	1	3
4	9	7	3	2	1	6	8	5
7	4	3	5	9	6	8	2	1
2	5	8	1	3	7	9	6	4
9	1	6	8	4	2	3	5	7

171

5	6	2	3	7	1	9	4	8
9	7	3	2	4	8	6	1	5
4	1	8	6	5	9	7	2	3
1	5	9	8	6	2	3	7	4
6	8	7	9	3	4	1	5	2
2	3	4	5	1	7	8	6	9
7	9	1	4	8	5	2	3	6
3	2	5	1	9	6	4	8	7
8	4	6	7	2	3	5	9	1

172

2	9	8	5	1	6	7	4	3
7	6	5	2	3	4	9	1	8
1	3	4	8	9	7	2	5	6
6	8	2	9	7	5	4	3	1
4	7	3	6	8	1	5	2	9
5	1	9	3	4	2	8	6	7
8	2	1	7	5	3	6	9	4
9	4	6	1	2	8	3	7	5
3	5	7	4	6	9	1	8	2

173

7	4	9	8	3	6	1	2	5
1	2	6	7	4	5	3	9	8
5	8	3	1	2	9	7	4	6
4	1	5	3	9	7	8	6	2
3	9	8	5	6	2	4	7	1
2	6	7	4	8	1	5	3	9
8	3	2	6	1	4	9	5	7
6	5	4	9	7	8	2	1	3
9	7	1	2	5	3	6	8	4

174

5	8	2	4	3	6	9	7	1
6	7	3	1	8	9	4	2	5
9	4	1	7	5	2	6	8	3
3	1	8	9	4	5	7	6	2
4	6	5	3	2	7	8	1	9
2	9	7	8	6	1	5	3	4
8	3	9	2	7	4	1	5	6
7	5	4	6	1	3	2	9	8
1	2	6	5	9	8	3	4	7

175

8	4	5	3	6	1	2	9	7
9	1	3	4	2	7	8	5	6
6	7	2	5	8	9	4	3	1
7	3	8	1	9	4	5	6	2
2	9	4	6	5	3	1	7	8
5	6	1	2	7	8	9	4	3
4	2	9	8	3	6	7	1	5
3	8	7	9	1	5	6	2	4
1	5	6	7	4	2	3	8	9

176

6	4	5	2	1	9	3	7	8
2	7	3	8	6	4	9	5	1
8	1	9	7	5	3	6	2	4
7	2	1	5	4	6	8	3	9
9	3	6	1	7	8	2	4	5
5	8	4	3	9	2	7	1	6
1	6	7	9	2	5	4	8	3
3	9	2	4	8	1	5	6	7
4	5	8	6	3	7	1	9	2

177

6	7	4	1	5	8	9	3	2
1	3	5	9	2	4	7	8	6
8	9	2	6	3	7	4	5	1
3	4	1	7	6	9	8	2	5
5	6	7	3	8	2	1	9	4
9	2	8	5	4	1	6	7	3
7	1	6	2	9	5	3	4	8
4	5	9	8	1	3	2	6	7
2	8	3	4	7	6	5	1	9

178

9	8	1	5	3	4	6	7	2
5	7	2	6	8	9	1	4	3
3	6	4	7	2	1	8	9	5
8	4	7	2	1	3	5	6	9
6	3	5	4	9	7	2	8	1
1	2	9	8	6	5	4	3	7
4	1	6	9	7	2	3	5	8
2	9	8	3	5	6	7	1	4
7	5	3	1	4	8	9	2	6

179

6	2	7	3	4	9	5	1	8
1	4	3	8	2	5	6	9	7
8	9	5	7	1	6	2	3	4
7	1	8	9	3	2	4	5	6
9	5	4	1	6	7	8	2	3
3	6	2	4	5	8	9	7	1
5	3	1	2	8	4	7	6	9
2	8	9	6	7	3	1	4	5
4	7	6	5	9	1	3	8	2

180

Solutions 117

4	6	8	5	1	3	7	2	9
9	2	1	6	7	8	4	3	5
5	3	7	4	9	2	6	8	1
8	4	9	1	5	6	3	7	2
1	5	2	7	3	4	8	9	6
6	7	3	2	8	9	1	5	4
3	9	5	8	4	1	2	6	7
2	8	4	9	6	7	5	1	3
7	1	6	3	2	5	9	4	8

181

3	5	9	6	8	4	7	2	1
8	4	1	5	7	2	9	3	6
6	7	2	9	1	3	8	5	4
5	3	8	1	6	7	2	4	9
1	9	4	3	2	8	5	6	7
2	6	7	4	5	9	1	8	3
4	8	6	2	9	1	3	7	5
7	1	3	8	4	5	6	9	2
9	2	5	7	3	6	4	1	8

182

1	2	8	5	4	7	9	6	3
3	5	7	1	9	6	2	4	8
4	9	6	2	8	3	1	5	7
5	8	3	7	2	9	4	1	6
2	4	1	8	6	5	3	7	9
6	7	9	4	3	1	5	8	2
8	6	5	9	1	2	7	3	4
7	3	2	6	5	4	8	9	1
9	1	4	3	7	8	6	2	5

183

2	1	4	9	7	8	3	5	6
9	5	8	1	3	6	7	4	2
6	7	3	4	2	5	1	8	9
8	3	9	6	1	2	4	7	5
1	4	5	8	9	7	6	2	3
7	2	6	5	4	3	8	9	1
3	6	2	7	8	9	5	1	4
4	9	7	3	5	1	2	6	8
5	8	1	2	6	4	9	3	7

184

1	8	4	2	3	7	9	5	6
7	3	2	9	5	6	1	4	8
5	9	6	8	1	4	7	3	2
9	6	3	7	8	2	5	1	4
8	1	5	3	4	9	2	6	7
4	2	7	1	6	5	8	9	3
3	7	9	4	2	1	6	8	5
2	5	8	6	9	3	4	7	1
6	4	1	5	7	8	3	2	9

185

2	6	7	8	1	4	9	3	5
5	1	9	2	3	6	4	7	8
3	4	8	5	9	7	6	2	1
8	9	1	7	5	2	3	6	4
4	7	2	6	8	3	1	5	9
6	5	3	9	4	1	2	8	7
9	3	5	4	2	8	7	1	6
1	8	6	3	7	9	5	4	2
7	2	4	1	6	5	8	9	3

186

3	5	9	2	4	1	7	8	6
2	1	6	8	7	3	4	5	9
7	4	8	6	5	9	2	3	1
1	9	4	5	8	6	3	2	7
8	2	3	7	1	4	6	9	5
6	7	5	9	3	2	8	1	4
4	6	2	1	9	8	5	7	3
9	3	7	4	2	5	1	6	8
5	8	1	3	6	7	9	4	2

187

4	5	9	1	6	7	3	8	2
3	1	7	5	8	2	9	6	4
6	8	2	3	9	4	5	7	1
9	6	4	7	2	3	1	5	8
1	2	5	9	4	8	6	3	7
7	3	8	6	5	1	2	4	9
2	4	6	8	3	9	7	1	5
5	9	1	4	7	6	8	2	3
8	7	3	2	1	5	4	9	6

188

4	5	1	9	7	6	2	3	8
9	8	3	1	4	2	5	6	7
2	6	7	5	3	8	4	1	9
7	2	9	6	1	4	3	8	5
1	4	8	2	5	3	9	7	6
6	3	5	7	8	9	1	4	2
8	1	6	4	9	5	7	2	3
5	7	2	3	6	1	8	9	4
3	9	4	8	2	7	6	5	1

189

1	2	8	3	7	5	6	9	4
5	6	7	8	4	9	3	2	1
9	4	3	1	2	6	8	7	5
7	8	9	4	1	3	5	6	2
2	3	4	5	6	7	1	8	9
6	5	1	2	9	8	7	4	3
3	9	5	6	8	2	4	1	7
4	7	6	9	3	1	2	5	8
8	1	2	7	5	4	9	3	6

190

2	1	9	3	7	8	4	6	5
5	6	4	2	9	1	3	8	7
7	8	3	5	4	6	1	9	2
8	9	2	1	6	3	7	5	4
3	4	1	7	8	5	6	2	9
6	5	7	4	2	9	8	1	3
9	7	6	8	3	2	5	4	1
4	2	5	6	1	7	9	3	8
1	3	8	9	5	4	2	7	6

191

9	4	8	3	1	7	2	6	5
6	7	2	5	8	4	3	1	9
1	5	3	2	6	9	7	4	8
7	3	9	6	4	5	1	8	2
5	8	1	7	2	3	4	9	6
2	6	4	8	9	1	5	7	3
8	9	5	4	7	2	6	3	1
3	1	7	9	5	6	8	2	4
4	2	6	1	3	8	9	5	7

192

Solutions 118

6	8	2	9	5	4	7	3	1
1	7	3	2	6	8	9	4	5
5	4	9	1	7	3	6	2	8
2	5	7	3	1	6	8	9	4
9	1	8	7	4	2	5	6	3
4	3	6	5	8	9	1	7	2
3	9	1	6	2	5	4	8	7
8	6	5	4	3	7	2	1	9
7	2	4	8	9	1	3	5	6

193

5	6	3	7	2	9	4	1	8
1	8	9	4	6	3	7	2	5
2	7	4	8	5	1	9	6	3
4	2	1	9	3	7	8	5	6
9	3	8	5	1	6	2	7	4
6	5	7	2	8	4	1	3	9
8	9	6	3	7	2	5	4	1
7	1	5	6	4	8	3	9	2
3	4	2	1	9	5	6	8	7

194

6	7	2	9	3	4	5	8	1
3	4	8	1	5	2	7	9	6
9	5	1	8	7	6	2	4	3
8	6	3	7	4	9	1	2	5
4	1	9	2	6	5	8	3	7
7	2	5	3	8	1	4	6	9
1	8	7	6	2	3	9	5	4
5	9	6	4	1	8	3	7	2
2	3	4	5	9	7	6	1	8

195

9	2	6	5	3	7	1	8	4
3	5	4	1	8	9	7	2	6
8	1	7	2	4	6	9	5	3
6	4	1	9	2	8	5	3	7
5	8	9	7	6	3	2	4	1
7	3	2	4	5	1	8	6	9
1	6	5	3	9	2	4	7	8
4	7	8	6	1	5	3	9	2
2	9	3	8	7	4	6	1	5

196

4	8	3	2	7	6	9	1	5
1	5	2	8	9	4	3	7	6
6	7	9	1	3	5	8	2	4
2	9	6	5	4	7	1	8	3
5	4	7	3	8	1	2	6	9
8	3	1	6	2	9	5	4	7
9	1	4	7	5	8	6	3	2
7	2	8	9	6	3	4	5	1
3	6	5	4	1	2	7	9	8

197

1	5	8	7	6	3	4	9	2
9	7	4	1	5	2	6	8	3
2	3	6	8	4	9	1	7	5
3	6	2	4	7	8	5	1	9
4	1	7	9	2	5	8	3	6
8	9	5	3	1	6	7	2	4
5	4	9	2	8	1	3	6	7
6	8	3	5	9	7	2	4	1
7	2	1	6	3	4	9	5	8

198

8	2	5	9	6	7	3	4	1
6	4	9	3	2	1	7	8	5
3	1	7	4	8	5	2	6	9
9	6	8	5	3	4	1	2	7
4	3	1	8	7	2	9	5	6
5	7	2	6	1	9	8	3	4
2	8	4	7	9	6	5	1	3
1	9	6	2	5	3	4	7	8
7	5	3	1	4	8	6	9	2

199

7	9	1	5	3	6	8	2	4
2	5	4	8	9	7	6	1	3
6	3	8	1	2	4	5	7	9
1	6	5	9	4	8	7	3	2
9	8	3	6	7	2	4	5	1
4	2	7	3	5	1	9	6	8
3	7	6	4	1	9	2	8	5
5	4	2	7	8	3	1	9	6
8	1	9	2	6	5	3	4	7

200

Made in the USA
Las Vegas, NV
12 November 2022

59263014R00069